国家自然科学基金青年科学基金项目(52004328)资助
湖南省自然科学基金青年基金项目(2022JJ40149)资助

高应力硬岩开挖卸荷破裂特征及力学机理分析

陈正红　李夕兵　陈秋南　曾维豪　著

U0337752

中国矿业大学出版社

·徐州·

内 容 提 要

本书通过理论分析、室内试验和数值模拟方法对高应力硬岩在机械开挖过程中的卸荷破裂特征和力学机理进行深入研究,全面系统地阐释高应力硬岩在机械开挖卸荷下的应力变化规律、破坏时效特性以及不同卸荷高度、不同预裂隙参数下硬岩的卸荷破坏规律,并且研究水力压裂辅助机械开挖等内容。通过对本书的阅读,读者可了解深部硬岩在机械开挖下的破裂特性,掌握相关的研究方法,能够运用正确的方法开展隧道工程开挖领域的科学研究。

本书可供高等院校采矿工程、土木工程、隧道及地下空间工程、交通工程等相关专业的本科生和研究生阅读,也可供从事相关领域研究的科研人员和工程技术工作人员参考。

图书在版编目(C I P)数据

高应力硬岩开挖卸荷破裂特征及力学机理分析 / 陈正红等著. —徐州 : 中国矿业大学出版社,2023.5

ISBN 978 - 7 - 5646 - 5826 - 7

Ⅰ. ①高… Ⅱ. ①陈… Ⅲ. ①岩爆—研究 Ⅳ. ①TD713

中国国家版本馆 CIP 数据核字(2023)第 083510 号

书 名	高应力硬岩开挖卸荷破裂特征及力学机理分析
著 者	陈正红 李夕兵 陈秋南 曾维豪
责任编辑	陈红梅
出版发行	中国矿业大学出版社有限责任公司
	(江苏省徐州市解放南路 邮编 221008)
营销热线	(0516)83885370 83884103
出版服务	(0516)83995789 83884920
网 址	http://www.cumt.com E-mail:cumtpvip@cumtp.com
印 刷	徐州中矿大印发科技有限公司
开 本	787 mm×1092 mm 1/16 印张 8.5 字数 162 千字
版次印次	2023 年 5 月第 1 版 2023 年 5 月第 1 次印刷
定 价	45.00 元

(图书出现印装质量问题,本社负责调换)

前　言

　　由于采矿行业对矿山安全化、高效化、智能化的要求不断提高,因此在深部硬岩矿山中实现非爆机械化开挖将是一项重大突破。然而,随着开挖深度的增加,深部高应力硬岩在机械开挖过程中的卸荷应力环境日趋复杂,目前有关机械开挖下高应力硬岩的卸荷破裂特征及力学机理研究尚不完善。明确影响高应力硬岩开挖卸荷破坏特征的主要因素,掌握高应力硬岩在不同开挖卸荷条件下的破坏规律,采用科学、合理的技术手段辅助硬岩机械开挖等关键问题已成为深部硬岩采矿工程中亟待解决的难题。

　　在开挖过程中,深部硬岩的力学响应特性是岩石力学研究中的难点问题,也是当今采矿界的研究热点。深部高应力环境下硬岩的破坏响应特征与浅部截然不同,开挖过程导致初始高应力场发生复杂变化,易出现岩爆、分区破裂、微震、板裂等应力灾害。目前,国内外学者普遍采用岩石卸荷试验和数值模拟对开挖卸荷问题进行分析。岩石卸荷试验对开挖卸荷路径进行了模拟还原,使人们能够有效地认识硬岩卸荷响应规律,但仍无法重现工程开挖卸荷的真实过程。另外,随着断裂力学和数值计算方法的发展,通过数值模拟可以有效地重现深部硬岩的力学和结构特征,但深部硬岩机械开挖卸荷的数值模拟研究目前还不十分完善,如何利用数值模拟分析为工程设计与施工提供指导意见还需要科研人员进一步研究。

　　本书通过理论分析、室内试验和数值模拟方法对高应力硬岩在机械开挖过程中的卸荷破裂特征和响应机理进行深入研究,并且通过对深部硬岩在机械开挖过程中的力学问题分析,研究待开挖岩体将经历的应力变化过程,提炼出影响卸荷破坏特征的主要因素。以此为基础,进一步分析硬岩破坏时效特性以及不同卸荷高度、预裂隙下硬岩的卸荷破坏规律,并且研究水力压裂辅助机械开挖的可能性。

本书的研究方法和结论将为解决深部高应力硬岩高效、安全的机械开挖问题提供新的研究结论,可为硬岩开挖卸荷研究提供参考,还可为工程开挖设计和施工提供理论指导。

本书可供采矿工程、土木工程、隧道及地下空间工程、交通工程等相关专业的高校学生阅读,也可供从事相关领域研究的科研人员和工程技术工作人员参考。

在本书出版之际,感谢湖南科技大学的大力支持;同时,感谢在本书撰写过程中给予指导和帮助的各位专家、学者。

限于水平和能力,书中难免存在一些不足和疏漏之处,敬请广大读者批评指正。

著 者

2023 年 2 月

目　　录

1 绪 论

1.1 研究背景及意义

在经历了几十年的大规模开采后,我国浅部矿产资源已面临枯竭,为寻求资源的持续开发利用,矿产资源开采逐步向深地延伸[1-2]。在深部,由于矿岩所处的地应力环境比浅部更为复杂,因此在开采工艺和技术上需要进行调整与改进,以适应深部高应力环境[3]。随着社会的发展,安全、高效和智能化的资源开采方式是矿山企业和政府竭力追求的,能否实现安全、高效和智能化的开采目标,将重点取决于矿山企业的机械化水平[4]。从安全角度来讲,机械开采将减少作业区的人员数量,可以大大降低人员伤亡事故的发生概率;从高效角度来讲,机械开采意味着工艺流程上的连续化和矿山管理的系统化,可以有效地提高开采效率;从智能化角度来讲,随着信息技术的发展,对机械设备的无人化控制已成为现实,可以将机械开采升级为智能开采。

但从目前采矿行业的发展来看,地下硬岩矿山普遍采用的开挖采掘方式仍然是常规的钻爆开挖,这是因为钻爆法在工程实际应用中具有适应性强、灵活性高、成本低、技术要求低等特点。但是,常规的钻爆开挖难以达到安全、高效和智能化的开采目标。首先,钻爆开挖是一种瞬态卸荷过程,所产生的卸荷波和爆破波可能导致深部岩体发生剧烈的不可控灾害现象,灾害一旦发生将对人员和地下结构造成巨大损伤[5]。其次,从崩矿、落矿再到装载运输等一系列工序无法连续开展。再次,钻爆开挖难以搭载信息平台实现开采的智能化。与钻爆开挖相比较,机械开挖是一种可以控制的非瞬态卸荷过程,如果能够在深部高应力条件下采用较小的机械扰动进行破岩和开挖作业,那么将是一种理想的开采方式。

近年来,国内外学者提出采用机械开挖方式代替传统的钻爆开挖进行深地资源开采。例如,李夕兵等人[6]依托国家自然科学基金重点项目,开展了高应力

— 1 —

硬岩矿床非爆连续开采理论与技术的基础研究,通过对深部硬岩矿山的非爆开采问题的研究,倡导推动机械开挖方式在地下硬岩矿山的应用,实现安全高效开采;Sifferlinger 等人[7]分析了研发新的开采设备和开采理念将机械开挖应用于深部硬岩矿山开挖的重要性;Hartlieb 等人[8]进行了微波与机械联合破岩的试验研究,认为通过微波辅助机械联合破岩技术能够实现机械开挖在地下硬岩矿山中的应用。然而,目前深部硬岩矿山的机械开挖方式仍没有得到很好的应用,深部硬岩的机械开挖卸荷问题还缺乏实际工程数据。对于矿山企业而言,机械开挖具有设备昂贵、适应性差、安装维护烦琐等缺点;同时,针对深部硬岩在机械开挖过程中的破裂特征和响应机理的基础研究仍然不够完善,无法给实际工程施工提供良好的指导和借鉴结果。因此,为了推进我国深部矿山机械化开采技术的发展,进行关于深部硬岩在机械开挖条件下的卸荷破坏机理及响应特征的、系统的研究具有重要现实意义,可以为深部硬岩工程的安全高效智能开采工程实践提供科学理论支撑与技术保障。

硬岩矿体在机械开采过程所经历的力学作用过程主要分为两部分:首先是开挖卸荷过程引起的地应力调整和变化过程,使得矿岩产生卸荷破坏;其次是开挖机械对矿岩的切割破碎过程,使得矿岩发生切割破坏。这两个破坏过程都将对矿岩开采产生重大影响。就开挖卸荷地应力变化导致的卸荷破坏而言,Shemyakin 等人[9]指出,采矿活动对原岩应力改变的影响以及原岩应力改变对岩体稳定性的影响是地下工程研究中两个最主要的问题。Kaiser 等人[10]的研究也表明,原岩应力的微小改变都可能对地下工程的稳定性产生严重的影响。随着矿山开采进入深部,地应力也随之增大。与浅部相比,深部地应力条件将对卸荷破坏过程产生的影响更加明显。为此,国内外众多研究机构和学者都很关注深部岩体力学问题。

例如,20 世纪 70 年代,南非首先发现了深部矿山中出现的分区破裂现象[11],并于 1998 年开启了"深部采矿"研究计划,深入研究了深部岩爆现象、深部采场支护等问题[12],之后在 2011 年开启了对深层地下矿山地震风险的研究[13]。20 世纪 80 年代,美国针对爱达荷(Idaho)地区的深井开采进行了岩爆信号研究[14],近年来先后在霍姆斯特克(Homestake)金矿、尤卡山(Yucca Mountai)等地方建立了众多深地实验室,开展深地硬岩工程的研究[15]。加拿大也于 1982 年建立了地下研究实验室(URL),以此为依托对隧道围岩破裂和稳定性问题进行了深入研究[16],并于 2015 年建立了加拿大超深采矿网络(Ultra-Deep Mining Network),旨在解决深部采矿中出现的应力灾害、工人安全等问题[17]。澳大利亚地质力学中心(ACG)从 1999 年开始便针对硬岩矿山的岩爆、微震等动力灾害进行了研究[18]。进入 21 世纪,我国更加关注深部硬岩开采问题,并先后于 2001 年 11 月 5—7 日和 2004 年 6 月 23—25 日在北京召开了香山科学会议,讨论了深部岩体的分区破裂、岩爆机理和围岩支护理论等问题;同时,分别于 2003 年、2009 年和 2016 年启动了"深部岩体力学基础研究与应用""深部重大工程灾害的孕育演化机制与动态调控理论""深部岩体力学与开采理论"等重点基础研究项目。

通过国内外对深部岩体的不断探索和研究发现,深部高应力环境下硬岩的破坏响应特征与浅部截然不同,会出现如岩爆、分区破裂、微震、板裂等应力灾害,以深部硬岩为背景的机械开挖所导致的卸荷破坏应区别于浅部机械开挖的破坏特点。因此,对深部硬岩在机械开挖条件下卸荷破坏的机理及响应特征进行系统深入研究具有重要的理论意义。

综上所述,本书采用理论分析、室内试验和数值模拟 3 种手段,从不同侧面针对深部硬岩在机械开挖卸荷条件下的破坏机理和响应特征进行分析,以期为深部硬岩矿山实现机械开挖提供指导意见,也为丰富深部岩体力学特性及破坏机理作出贡献。

1.2 国内外研究现状

1.2.1 深部硬岩机械开挖的工程现场研究现状

在地下硬岩矿山开采中,虽然钻爆开挖是一种经济、有效的大规模开采方式,但是也存在着严重的弊端。随着采矿深度的提高,为了寻求适合深部硬岩矿山的采矿工艺,除了对改进的钻爆设备和操作进行研究外,还有一种趋势是寻找机械开采等连续采矿方法。机械开挖是一种能将深部高应力变害为利的高效开采方式,同时符合深部矿山智能化无人采矿的美好憧憬[3]。因此,世界各国科研单位和矿山企业投入大量人力、物力、财力对深部硬岩机械开挖进行了现场工程的实验和应用研究,为了解深部硬岩矿山在机械开挖条件下的卸荷响应特性提供了实践基础。

加拿大的科研人员在地下研究实验室开展了一项"Mine-by"的试验,该试验通过在埋深为 420 m 的花岗岩岩层中用机械方法挖掘出一条试验隧道(MBE)来研究深部硬岩开挖响应(图 1-1)。这项试验的展开取得了诸多成果[19-20],其中就指出深部硬岩在机械开挖条件下,将经历一个渐进式的破坏过程,并将出现典型的 V 形槽破坏和剥落破坏[21]。

日本的科研人员依托日本核循环发展机构(Japanese Nuclear Cycle Development Institute)的地学项目对远野(Tono)矿山进行了机械开挖和钻爆

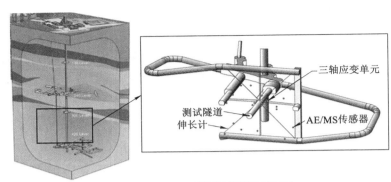

（a）MBE巷道机械开挖现场试验

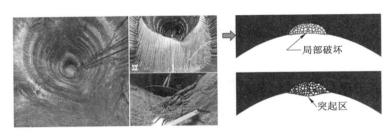

（b）MBE巷道渐进破坏过程

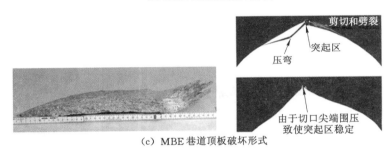

（c）MBE巷道顶板破坏形式

图1-1　机械开挖巷道的破坏形态研究[21]

开挖的对比试验研究。该工程位于地下埋深130 m的花岗岩岩层里,旨在对机械开挖和钻爆开挖下的围岩扰动进行对比分析(图1-2)[22]。通过现场试验监测到的围岩震动、微震速度分布以及围岩位移情况可以发现,在机械开挖条件下,围岩受到的开挖震动影响较小,开挖后围压的P波波速小,而且开挖破坏区范围较小[23]。这一现场试验充分证明了机械开挖过程对地应力场的扰动小,开挖后围压的稳定性比钻爆开挖好,有利于控制开挖破坏范围和围岩支护。

　　通过在位于我国贵州省开阳磷矿－640 m深的采场进行机械开挖现场试验,李夕兵等人[6]证明通过开挖诱导巷道能在矿岩周围形成卸荷破坏圈,使得待开挖矿体出现弱化现象,从而实现在硬岩矿山实现掘进机的连续开采。从图1-3

可以看出,在有诱导巷道的情况下,机械破岩时产生的粉尘量少,且切割块度大,能有效地提高开挖效率和开挖效果[4]。

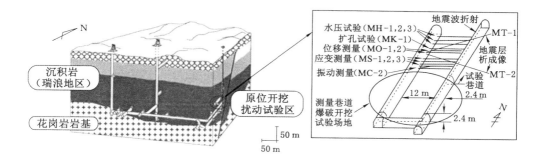

(a) Tono 矿山现场原位开挖扰动试验

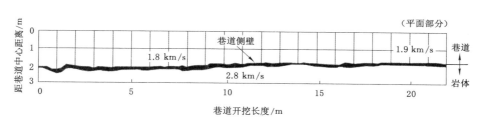

(b) 机械开挖下P波波速分布结果

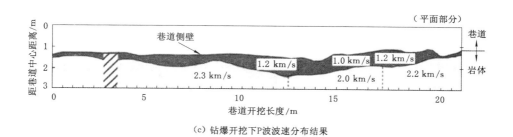

(c) 钻爆开挖下P波波速分布结果

图 1-2 机械开挖和钻爆开挖的工程对比试验研究[22]

依托四川省凉山彝族自治州埋深 1 500～2 000 m 的锦屏二级水电站开挖工程,我国的科研人员在工程现场展开了大量的研究工作,对 TBM 开挖和钻爆开挖对破坏性形态、能量释放规律、岩爆现象等问题进行了分析(图 1-4)。结果表明,用 TBM 开挖和钻爆开挖深部硬岩隧道时都会出现片帮、岩爆等剧烈破坏现象,只是程度和出现次数不同[24-26]。

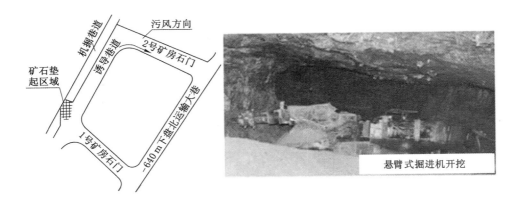

（a）开阳磷矿机械开挖现场试验

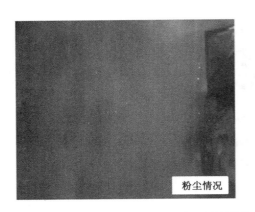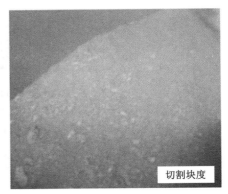

（b）无诱导巷道下的机械开挖

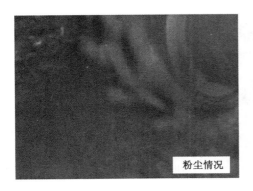

（c）有诱导巷道下的机械开挖

图 1-3　有无诱导巷道条件下机械开挖效果对比[4]

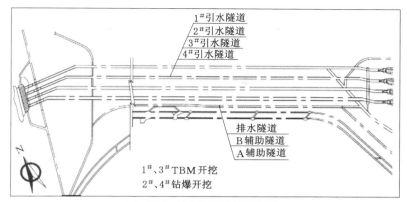

（a）锦屏二级水电站现场开挖试验

（b）3#引水隧道破坏情况

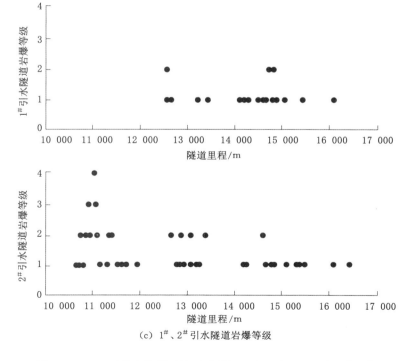

（c）1#、2#引水隧道岩爆等级

图 1-4　TBM 开挖和钻爆开挖下隧道的破坏形态和岩爆等级[24-25]

目前,深部硬岩机械开采的工程应用一方面受岩石强度和耐磨性的限制,另一方面受开挖机械的尺寸和能力的限制。因此,如果要在硬岩矿山进行机械开采,根据矿岩性质和机械设备性能,选择合适的机械开采设备尤为重要。但是,目前受开挖机械的限制,地下硬岩矿山岩石强度和开采机械回转半径之间还存在一个空白地带,即开采机械无法做到尺寸小(回转半径小)的同时破岩能力大,如图 1-5 所示。基于此,有学者提出可以通过混合破岩来弥补这一空白,主要方式是采取其他破岩手段对硬岩进行预破坏,如微波辐射、LOX 微爆破、高压水射流或激光等,并在此基础上再结合开采机械进行破岩[7]。

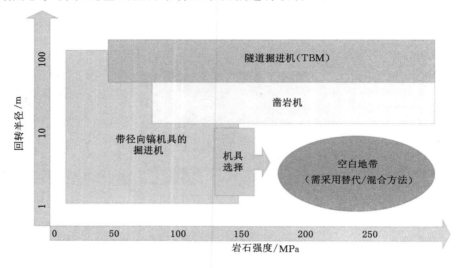

图 1-5　岩石强度及对应的开采机械回转半径[7]

1.2.2　开挖卸荷室内试验的研究现状

地下工程开挖过程中,岩体所处的应力环境不再是静态的原岩地应力场,原有的应力平衡状态被打破,由此引发应力的动态变化过程,如图 1-6 所示[27]。Diederichs[28]指出,在开挖过程中应力的动态变化过程将导致地下岩体工程在应力驱动下出现剥落或板裂,如图 1-7 所示。由于深部岩体工程所处的地应力较高,原岩应力所发生的动态变化程度将更剧烈,并且深部硬岩对应力变化的反应更敏感。因此,对深部硬岩破坏过程和应力路径的理解有助于评估围岩的稳定性、掌握开挖岩体的破坏特征,并且为地下开挖提供充分的理论基础。基于此,国内外众多学者通过模拟开挖应力路径开展了一系列的室内试验,用于研究硬岩在开挖过程中出现的破坏特征。

根据钻爆开挖和机械开挖的特点,开挖过程中原岩地应力的动态变化过程可分为两个过程:爆破卸荷过程和非爆机械卸荷过程。采用钻爆开挖时,在炸药爆破作用下岩石仅在数毫秒至几百毫秒内就被破碎并抛掷,这意味着地应力以毫秒级别的速度被卸荷,同时卸荷过程中不可避免地产生卸荷应力波。但在室内试验中,即使通过控制加压板使其突然掉落、实现卸荷,也不能达到爆破卸荷速度,更不能产生卸荷应力波。因此,目前的室内卸荷试验基本都属于非爆机械卸荷的破坏范围,并且按照试验特征可分为常规三轴卸荷试验和真三轴卸荷试验。下面分别对两类卸荷试验展开评述和总结。

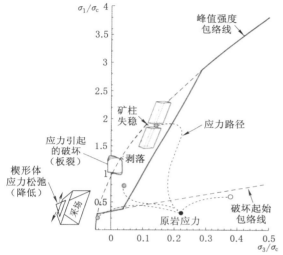

图 1-6　开挖过程中岩体经历的复杂应力路径[27]

图 1-7　开挖工作面附近出现的应力驱动破坏[28]

（1）常规三轴卸荷试验

Swanson 等人[29]早在 1971 年就利用伺服控制的液压机对花岗岩进行了围压卸荷试验,并与常规压缩条件下的破坏强度进行了对比。该研究结果表明,岩石破坏强度规律与应力路径无关,而出现这一结论的原因可能是试验中卸荷应力路径单一,且仅得到了一组卸荷试验数据。随后,Crouch[30]于 1972 年对南非地区的苏长石进行了几组围压卸荷试验,认为围压的变化使得岩石的应力-应变曲线发生了明显转变。昊玉山[31]通过对比凝灰石在常规三轴压缩试验和常规三轴卸荷试验中的结果,认为通过应力途径符合于实际工程应力变化的常规三轴卸荷试验来确定岩石的力学特性是很必要的。李天斌等人[32]通过对卸荷应力状态下玄武岩变形及破坏特征的试验研究,证实了卸荷破坏程度比常规加载破坏更强烈。随着 1997 年卸荷岩体力学的概念的提出[33],卸荷应力条件下岩石的变形破坏特性受到大量关注,科研人员进行了大量的试验研究。尤明庆等人[34]通过卸围压试验讨论了岩样屈服过程与围压的关系。任建喜等人[35]和

Zhou 等人[36]先后借助电子计算机断层扫描（CT）实时分析技术，得到了岩石卸荷损伤的演化过程。李宏哲等人[37]进行了不同围压条件下的卸荷试验，分析了力学参数和变形参数。刘豆豆等人[38]通过进行峰前、峰后卸围压试验，发现峰前卸围压过程中岩样脆性破坏比峰后卸围压更为强烈。陈卫忠等人[39]研究了卸荷速度对花岗岩破坏特性的影响，发现卸荷速度越快，岩石脆性破坏越强，发生岩爆的可能性就越大。黄润秋等人[40]也对卸荷速度进行了研究，并借助扫描电子显微镜（SEM）分析了卸荷破裂断口的细观形态。邱士利等人[41]则重点研究了卸围压速度对大理岩变形特征的影响。殷志强等人[42]对卸围压下的岩石动态强度与破碎块度进行了分析。黄达等人[43-46]基于不同卸荷速度和初始应力条件下的卸围压试验，分析了破碎块度、能量耗散速率，以及卸荷强度等特性。邱士利等人[47]对大理岩进行了不同初始损伤和卸荷路径下的卸荷试验。Zhao 等人[48]对花岗岩在 3 种不同卸荷应力路径下的能量转换过程进行了对比分析。Li 等人[49]则对比了花岗岩在常规压缩试验和两种应力路径下卸荷试验的能量转换过程。

通过分析可以发现，在大量关于常规三轴卸荷试验的研究中，众多学者采用的应力路径、卸荷速度、岩石类型都不尽相同。虽然卸荷试验的条件各具特点，但为了模拟工程开挖过程中水平主应力的降低过程和垂直主应力的应力集中过程，卸荷试验都体现了加载与卸荷的耦合作用过程。下面将常规三轴卸荷试验中的应力路径进行总结并分为 4 类(图 1-8)，同时给出不同应力路径下的工程背景。

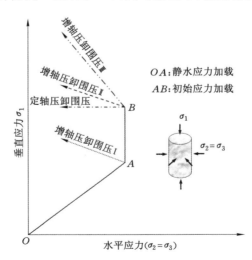

图 1-8　常规三轴卸荷试验中的不同应力路径示意图

增轴压卸围压Ⅰ：开挖卸荷前岩体处于均匀原岩地应力场，地应力条件为 $\sigma_1 = \sigma_2 = \sigma_3$；开挖过程中应力集中速度较慢。

定轴压卸围压:开挖卸荷前岩体处于非均匀原岩地应力场,地应力条件为 $\sigma_1 > \sigma_2 = \sigma_3$;开挖过程中无明显应力集中。

增轴压卸围压 Ⅱ:开挖卸荷前岩体处于非均匀原岩地应力场,地应力条件为 $\sigma_1 > \sigma_2 = \sigma_3$;开挖过程中应力集中速度慢。

增轴压卸围压 Ⅲ:开挖卸荷前岩体处于非均匀原岩地应力场,地应力条件为 $\sigma_1 > \sigma_2 = \sigma_3$;开挖过程中应力集中速度快。

(2)真三轴卸荷试验

吴刚[50]对真三轴卸荷方式进行了研究,并进行了 3 种应力路径下的卸荷试验;同时,通过声发射监测对卸荷破坏过程进行了分析,证明了卸荷破坏较加荷破坏更突然,具有更大的危险性。李建林等人[51]研究了卸荷问题中的尺寸效应。陈景涛等人[52]对不同中间主应力下的花岗岩试样进行了真三轴卸荷试验,并监测了卸荷过程中的声发射。He 等人[53]通过监测卸荷过程中的声发射特征,研究了卸荷条件下的岩爆现象。Gong 等人[26]通过两种应力路径下的卸荷试验,分析了卸荷条件下的岩爆和板裂破坏特征。Zhao 等人[54-55]和何满潮等人[55]在真三轴下进行了卸荷速度的试验研究,通过声发射和高速摄影仪监测了卸荷破坏过程。Zhao 等人[56]还通过声发射和高速摄影仪监测了不同高宽比的试样在卸荷试验中的破坏过程。Zhu 等人[57]通过对水泥砂浆的真三轴卸荷试验,得到了试样在卸荷条件下的劈裂破坏模式。Gong 等人[58]通过卸荷试验对卸荷破坏面形态进行了分析。Du 等人[59]通过对花岗岩、砂岩、水泥砂浆 3 种材料进行真三轴卸荷加扰动试验,证明了卸荷岩爆值发生在硬岩材料中。Zhao 等人[60]利用声发射和高速摄像仪对卸荷条件下的尺寸效应进行了研究。Li 等人[61]结合中间主应力大小和高宽比对卸荷强度和卸荷破坏模式进行了分析。范鹏贤等人[62]在真三轴下进行了单面卸荷和双面卸荷的对比研究,发现初始应力相同时双面卸荷条件下强度降幅比单面卸荷的更大。

通过分析不同真三轴压缩试验的条件可以发现,人们对真三轴卸荷下卸荷路径和试样尺寸研究得较多,这些试验一般都采用突然卸荷的方式,体现了加载与卸荷的耦合作用过程。图 1-9 总结了真三轴卸荷试验中常见的 4 种卸荷应力路径;图 1-10 为真三轴卸荷试验中常见的 2 种卸荷方式示意图。

1.2.3　开挖卸荷数值模拟的研究现状

开挖卸荷工程中,工程岩体本身包含如节理、断层、裂隙等大小方向性质不同的各种结构面。这些结构面的存在导致工程岩体在应力变化过程中发生复杂的响应特征,并且工程岩体受影响范围通常从几米到几十米不等,通过理论分析和室内试验通常难以直接反映各种复杂岩体性质和应力状态下对应的破坏特征。随着断裂损伤理论的发展,人们逐渐可以利用数值计算方法来实现复杂条

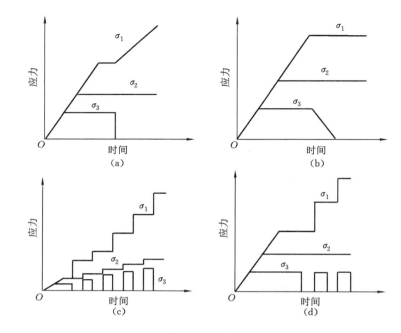

图 1-9 真三轴卸荷试验中的应力路径总结

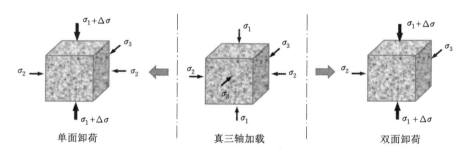

图 1-10 真三轴卸荷试验中的单面卸荷和双面卸荷

件下岩体变形和破坏的模拟。数值模拟最基本的原则就是建立数值计算模型来重现岩体的力学特征和结构特征,并且要求数值模型所承受的力学和结构变化过程能够反映实际岩体施工过程。

目前,岩土工程中常用的数值模拟方式可以分为 3 类:连续方式、不连续方式(离散方式)和耦合分析方式。

连续方式的数值模拟首先将模拟对象看作一个单一的连续体,然后利用建立在塑性力学和损伤力学等理论基础上的标准连续介质力学公式计算,最后通过内部变量反映作用过程对应力变化和微观结构变化的影响[63]。主要方法有 3 种:有限元法(finite element method,FEM)、有限差分法(finite difference method,FDM)和边界元法(boundary element method,BEM)。然而,有限元中基于应变软化的本构关系不能捕捉局部破坏情况。为此,在连续体的建模时,人们必须考虑材料的变形率,或者反映材料微观结构的变化来克服这一点[64]。目前,常用的采用连续方式的数值模拟软件有 ANSYS、LS-DYNA、ABQUES、FLAC、Map3D 等。

不连续方式(离散元方式)是在数值模拟中将材料直接视为独立块体或颗粒的组合。最早提出离散元计算理念的康德(Cundall)和哈特(Hart)指出,离散元最基本的准则是允许任何离散体的有限位移和旋转(包括完全脱离),并且在模拟过程中自动识别新的接触[65]。根据所采用的求解算法,可将离散元计算方法分为显式和隐式。典型的离散元软件有 UDEC、PFC、RFPA、YADE 等。

近年来,随着几种连续方式能够模拟脆性破坏过程中的突发性不连续特性,连续方式模拟和不连续方式之间的界限开始变得模糊。特别是耦合分析方式的出现,可以将连续方式和不连续方式结合起来。比如,在巷道开挖模拟时,远离开挖边界的远场区域内可以采用有限元来分析受力和变形条件,而靠近开挖边界附近近场区域内可以用离散元来分析断裂和裂纹扩展。采用混合分析方式的数值模拟软件有 ELFEN、Y-Geo 等。

利用数值分析方法来模拟开挖卸荷问题时,通常可以将问题简化为二维平面模型来进行分析。如图 1-11 所示,在模型开挖前岩体模型处于原岩地应力场中,此时待开挖巷道区域作用的应力场 p_t 处于平衡状态。根据不同的开挖方式和开挖速度,p_t 将按照一定的路径进行卸荷,直到其值最终为零。

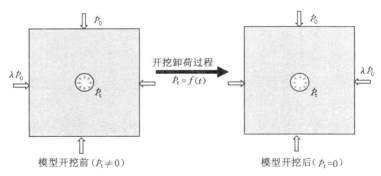

图 1-11 开挖卸荷问题的数值模拟基本模型

基于如图 1-11 所示的数值模型,众多学者采用不同的数值分析方法,从不同侧面对开挖卸荷条件下的岩体响应特征进行了分析。例如,Zhu 等人[66]利用有限元方法模拟了不同卸荷时间和侧压力系数下,圆形巷道模型的开挖破坏区(excavation damaged zone,EDZ)范围,证实了卸荷时间和侧压力系数对 EDZ 范围的影响。Li 等人[67]通过离散元软件 PFC 进行了不同卸荷时间和应力路径下的开挖卸荷。结果表明,卸荷时间越长,围岩位移越小,产生的裂纹越少,动能释放率越小;同时,不同卸荷应力路径下,对围岩卸荷响应的影响不同,非线性卸荷路径最有利于动能的释放。Feng 等人[68]利用耦合数值分析软件 ELFEN 研究了高应力卸荷作用下,含既有节理的圆形巷道围岩破坏特性。研究结果表明,开挖卸荷引起的渐进板岩破坏可激活内部既有结构面,从而引起大量的能量释放并进一步诱发板裂破坏。Chen 等人[69]通过对比 FEM/BEM 耦合分析方法和 DEM/BEM 耦合分析方法在模拟开挖卸荷的效果,证明了 DEM/BEM 的混合方式在模拟巷道开挖时更加准确和快速。Xie 等人[70]以锦屏二级水电站引水巷道开挖过程为背景,模拟了 TBM 开挖和钻爆法开挖对开挖破坏区范围和应变能释放的不同影响。Mortazavi 等人[71]则以"Mine-by"试验中巷道开挖为背景,分析了开挖破坏区的逐步变化过程。Cai[72]采用 FLAC/PFC 耦合数值方法模拟了日本神奈川县(Kanagawa)地下洞室开挖引起的声发射活动。

另外,也有研究人员对室内卸荷试验进行了模拟。例如,李夕兵等人[73]利用 PFC 模拟了常规三轴卸荷试验过程中岩石试样在不同卸荷速度和不同时间点下的破坏特征。Manouchehrian 等人[74]利用 FEM 方法模拟了真三轴单面卸荷条件下岩石的不稳定破坏现象。马春驰等人[75]对不同围压下的卸荷试验进行了模拟,对卸荷破坏形态和岩爆现象进行了分析。Chen 等人[76]和 Li 等人[77]通过 PFC 模拟了卸荷条件下试样内部既有裂隙的倾角对卸荷破坏的影响。吴顺川等人[78]对真三轴单面卸荷中的岩爆现象进行了模拟,并根据研究结果将卸荷岩爆过程分为 4 个阶段。

1.3　研究内容的提出

尽管前人围绕深部岩体力学对开挖卸荷问题开展了大量的研究工作,并取得了许多卓有成效的研究成果,但由于深部硬岩开挖的复杂性以及现有试验条件的局限性,所以对深部硬岩机械开挖过程中的破裂机理及响应特征的认识仍然不够科学全面。因此,深入研究机械开挖卸荷过程中的响应特征,以及探索如何有效实现深部硬岩机械开挖是深部岩石力学的重要课题,有待解决的问题如下:

(1)高地应力条件下的开挖卸荷过程诱发脆性硬岩的卸荷破坏,开挖卸荷过程中应力变化路径复杂多样,虽然目前室内卸荷试验采用不同路径进行了近似重现和分析,但是针对各种不同卸荷应力路径(包括初始应力水平、卸荷速度及应力集中过程)进行的对比研究尚有待完善。另外,除了卸荷应力路径的影响外,脆性硬岩在开挖卸荷的不同时间点所表现的破坏响应十分不同,受限于试验条件,目前无法在室内试验中直接观测卸荷试验全过程中的破坏过程。因此,开展不同卸荷路径下硬岩的卸荷试验,通过对比分析得出卸荷过程中硬岩的强度特性及破坏模式的本质特征是研究卸荷问题的关键所在;同时,借助数值模拟试验分析卸荷过程中的时效特性也将为开挖卸荷的工程设计提供指导意义。

（2）开挖工程中结构尺寸通常能影响整个结构的稳定性和破坏特征;同时,岩石的力学特征和破坏形态常受试样尺寸的影响,表现出明显的尺寸效应。虽然前人通过单轴压缩试验、常规三轴压缩试验等对岩石力学中的尺寸问题进行了深入研究,但对于卸荷试验中尺寸问题的研究较少。尺寸效应如何影响卸荷过程中硬岩的破坏响应特征是十分值得研究的,不仅能丰富岩石力学中对尺寸效应的研究,而且可以指导工程开挖中结构尺寸的设计。因此,需要人们进行不同尺寸下硬岩试样的卸荷试验,从而研究卸荷过程中尺寸效应的影响。

（3）岩体中的结构面对开挖卸荷响应特征的影响不容忽视,在研究高应力在不同卸荷速度下硬岩破坏特性的同时,如能加入结构面这一因素,将能更好地指导实际工程,而目前相关的研究较欠缺。因此,开展高应力卸荷条件下含预制裂隙的硬岩试样的卸荷响应研究有较大意义。

（4）受制于目前的开采机械设备,在完整性好强度大的深部硬岩矿山中仍不能全面推行机械开挖技术。为此,国内外学者提出了各种人工预裂纹的方式来辅助机械开挖,但这相关方面的研究仍处于起步阶段,所以有必要研究辅助破岩手段,如水力压裂,在开挖卸荷应力条件下的裂纹发展效果,并分析开挖卸荷应力条件下的水力压裂的裂纹传播规律,为实现水力压裂辅助机械开挖方式在深部硬岩矿山的应用提供一些指导意义。

1.4　主要研究内容和方法

深部硬岩开挖卸荷过程中的响应特性是岩石力学研究中的难点问题,也是当今采矿界的研究热点[79-80]。不同的开挖过程导致初始高应力场发生复杂的变化过程,目前室内岩石卸荷试验虽然是对开挖卸荷路径的近似描述,且无法再现其真实过程,但却能使我们有效认识硬岩卸荷响应规律。另外,随着断裂力学和数值计算方法的发展,数值模拟方法目前在岩石力学领域得到了广泛的应用,通过有效模拟岩石材料的力学性质和对应力条件的重现,为分析岩石力学响应过程提供了有效途径。

本书的研究内容主要是针对高应力条件下开挖卸荷过程中硬岩的破坏时效

特性、卸荷高度、预裂隙的影响以及水力压裂辅助作用进行的。主要研究内容和方法如下：

（1）模拟开挖卸荷条件下地应力变化过程，开展高应力大理岩在不同卸荷应力路径的卸荷试验，根据试验结果利用强度准则分析卸荷条件下的强度特征，并对比不同条件下的卸荷破坏形态。依据大理岩单轴压缩试验和常规三轴压缩试验结果得到的岩石基本力学参数，利用离散元数值分析软件 PFC 建立了数值模型，对卸荷过程进行数值模拟，分析不同时间点的破裂特性。

（2）对不同试样高度的大理岩进行单轴压缩、常规三轴压缩和卸荷试验。以威布尔统计理论为基础得出卸荷强度随高度的变化规律。通过对比常规试验中的破坏形态和前人卸荷试验的破坏模式，分析产生卸荷劈裂破坏的原因以及卸荷破坏模式的规律，并且分析卸荷试验中的应变能转化规律，研究卸荷破坏过程。

（3）通过在大理岩数值模型中引入预制裂隙，研究了不同卸荷速度和预裂隙倾角下的岩石试样卸荷破坏规律。结合模拟结果和裂隙上有效应力分析，讨论了对裂隙试样的卸荷破坏过程、卸荷强度和裂纹扩展形态等特征。

（4）采用流固耦合计算方法对开挖应力条件下的水力压裂进行了模拟，研究不同地应力大小以及不同注入点位置和注入方式等因素对裂纹扩展的影响，结合开挖应力分布的解析解，分析了卸荷下的局部应力状态对裂纹扩展的影响。

2 机械开挖卸荷过程中的力学问题分析

2.1 引　言

随着地下开采进入深部高应力环境后,深部硬岩承受的高地应力意味着深部岩体储存着高弹性能,可通过开挖卸荷过程使弹性能有控制地释放,从而使得高应力岩体在开挖卸荷过程中形成有效的损伤区,以到达高应力致裂的效果,然后再利用采矿机械对损伤区岩体进行冲击、切割落矿,继而实现高应力条件下的机械化连续开采[6]。在机械开挖卸荷过程中,受开挖影响的岩体将经历特殊的应力变化过程,并且不同的开挖施工过程将导致应力变化过程不同,从而破裂响应结果不同。由于岩体在开挖卸荷中所出现的响应特征非常复杂,常常无法用常规理论和试验解释,因此为了对岩体在开挖卸荷过程中的响应特征进行研究,首先就要厘清岩体将经历何种应力变化状态。

一些学者从理论分析的角度对开挖应力状态的空间变化进行了分析。例如,Sharma[81]通过理论计算对不同原岩地应力条件下开挖后围岩的应力分布进行了研究。Gercek[82]对不同开挖断面形状下巷道的围岩应力分布进行了理论求解。

此外,一些学者通过现场试验和数值模拟对开挖后的围岩的破坏特征进行了分析。例如,Malmgren 等人[83]通过钻孔测量技术、频谱分析及图像处理技术测得开挖卸荷后围岩的扰动破坏的范围位于开挖边界 0.5～1 m 内。Sheng 等人[84]利用仪表监测、反分析等方法测得开挖完成后的围岩的损伤区范围为 5～10 m。陶明[85]通过对在不同应力条件和不同卸荷速度下的巷道开挖进行了数值模拟,分析了开挖后的围岩破坏特征和破坏区域。Li 等人[67]对不同开挖应力路径下的围岩卸荷响应进行了数值模拟,并利用数学模型表征了不同应力路径下脆性岩体的卸荷机理。

目前对开挖卸荷条件下的应力状态和开挖卸荷响应的理论研究,主要是针对开挖卸荷后的应力分布状态和开挖卸荷后围岩的破裂特征进行的,并通过这些研究对围岩稳定性进行评价,从而给出合理的支护方案。但是,深部高应力岩体在机械开挖卸荷过程中人们所关心的对象有两个:一是开挖工作面附近的周边围岩;二是工作面前方的待开挖岩体。对于周边围岩而言,需要尽可能地减小开挖卸荷过程对其产生的破裂影响,以保证其具有一定的稳定性;但对于待开挖岩体而言,需要在开挖卸荷过程中尽可能地利用高应力卸荷过程使得待开挖岩体产生有效的损伤,以强化卸荷破坏效果,从而利于后序的机械破岩。因此,如何通过调整和控制开挖卸荷过程,使得待开挖岩体在卸荷过程中出现理想的卸荷响应特征,是研究机械开挖卸荷中的重点问题。为解决这一问题就需要了解在开挖卸荷过程中控制待开挖岩体响应特征的主要因素,并对这些因素进行深入的分析和研究。

2.2　开挖卸荷过程中的应力变化过程

　　前人大量的研究结果表明,对于开挖工作面附近的周边围岩而言,从空间上看,开挖卸荷后其所处的应力分布状态为水平方向的主应力降低到零,垂直方向的主应力发生应力集中,并且垂直主应力的集中有可能致使岩体破坏进而发生应力跌落[86-87];同时,这种应力分布状态同样适用于开挖卸荷后工作面前方的待开挖岩体[88]。因此,开挖卸荷后周边围岩和待开挖岩体所处的应力分布状态如图 2-1 所示,并且一般在空间上将其分为 3 个区域。

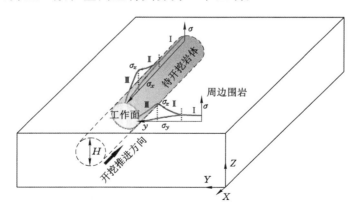

图 2-1　开挖卸荷后周边围岩和待开挖岩体中应力分布状态

　　Ⅰ原岩应力区:在此区域内岩体的应力仍然处于未受开挖影响的状态。

　　Ⅱ弹性区:在此区域内的水平主应力逐渐降低,垂直主应力逐渐增加,处于这一区域内的岩体没有发生破坏,仍具有弹性变形特性。

Ⅲ塑性破坏区:在此区域内的水平主应力继续降低至零,但由于垂直主应力已经增加到一定程度,将有可能导致处于此区域内的岩体发生失稳和破坏,并引起垂直主应力跌落现象。

对于工作面前方的待开挖岩体而言,随着工作面的推进,应力分布状态也会随之改变。如图 2-2 所示,当工作面距离某一岩体单元 R 较远时,岩体单元 R 仍处于原岩地应力状态;当工作面推进到接近岩体单元 R 时,其应力状态出现水平主应力卸荷和垂直主应力集中现象;当工作面到达 R 时,水平主应力已经完全卸荷到零,此时如果岩体单元 R 已经发生了破坏,那么垂直主应力将会出现跌落。可以发现,在整个开挖卸荷过程中,工作面前方的岩体单元 R 所经历的应力变化过程可以用开挖卸荷后的应力分布状态来反映。因此,开挖卸荷过程中岩体单元 R 所经历的应力变化过程如图 2-3 所示,同样可以将这种应力变化过程分为 3 个阶段。

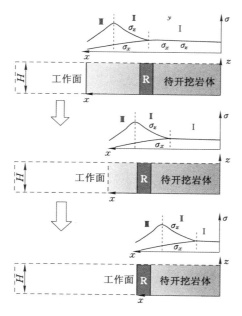

图 2-2　开挖卸荷过程中待开挖岩体的应力分布状态

Ⅰ原岩应力阶段:此时岩体单元 R 仍然处于未受开挖卸荷影响的状态。

Ⅱ弹性变形阶段:此时作用在岩体单元 R 上的水平主应力逐渐降低,垂直主应力逐渐增加,岩体单元 R 没有发生破坏,仍具有弹性变形特性。

Ⅲ塑性破坏阶段:此时作用在岩体单元 R 上的水平主应力继续降低至零,但由于岩体单元 R 的失稳和破坏垂直主应力发生应力跌落。

岩体单元 R 在经历了这一应力变化过程后,面对的就是与开挖机械(如掘进机、TBM、采矿机等)的直接接触,承受切削力和冲击力的作用。因此,在开挖卸荷过程中所发生的破坏形式和破坏程度将影响后续的机械破岩效果。

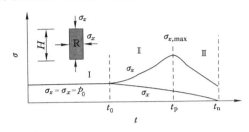

图 2-3 开挖卸荷过程中岩体单元(R)经历的应力变化过程

根据图 2-3 可知,在开挖卸荷过程中岩体单元 R 所经历的水平主应力(σ_x)的变化过程用公式可表示为:

$$\sigma_x = \begin{cases} p_0, 0 \leqslant t < t_0 \\ p_0 f(t), t_0 \leqslant t \leqslant t_n \end{cases} \tag{2-1}$$

式中,p_0 为初始地应力;t_0 为卸荷开始时刻;t_n 为卸荷结束时刻;$f(t)$ 为递减函数,表示水平主应力的卸荷路径,不同的开挖过程可能会产生不同的卸荷路径。

由式(2-1)可以看出,水平主应力的变化过程主要受初始地应力和卸荷路径的控制。

岩体单元 R 所经历的垂直主应力(σ_z)的变化主要通过应力集中过程体现,在岩体到达破坏前的峰值应力($\sigma_{z,\max}$)可表示为:

$$\sigma_{z,\max} = \sigma_{z/t=t_p} = kp_0 \tag{2-2}$$

式中,k 为常数。

对于处于开挖卸荷过程中的岩体单元 R 而言,$\sigma_{z,\max}$ 为开挖卸荷过程中的破坏强度值。对于开挖卸荷后的岩体而言,$\sigma_{z,\max}$ 为开挖卸荷后工作面附近岩体中的竖向集中应力。根据现场测量、数值模拟和经验判断,研究人员获得了不同开挖条件下开挖卸荷后的应力集中系数 k,见表 2-1。

表 2-1 开挖卸荷后岩体中的应力集中系数

k 值	获取方式	参考文献
1.85		Ouyang 等人(2009)[89]
1.08~1.24		Xie 等人(2011)[90]
1.8	现场测量	Likar 等人(2012)[91]
1.5~1.7		Guo 等人(2013)[92]

表 2-1(续)

k 值	获取方式	参考文献
2.3		Toraño 等人(2002)[93]
2.5		Yasitli 等人(2005)[94]
1.9~3.2		Singh 等人(2010)[95]
1.67~2		Yang 等人(2011)[96]
4		Khanal 等人(2011)[97]
1.95~2.55	数值模拟	Yu 等人(2011)[98]
3~5.4		Khanal 等人(2012)[99]
2.73		Song 等人(2012)[100]
4		Khanal 等人(2011)[101]
3.2		Shabanimashcool 等人(2013)[102]
2.87		Jia 等人(2013)[103]
2.3		Gao 等人(2014)[104]
4~5		Whittaker 等人(1979)[105]
1.5~5	经验判断	Peng(2008)[106]
6		Sheorey(1993)[107]

从表 2-1 可以看出,由于受地应力条件、开挖过程、岩体性质等的影响,不同研究背景下,开挖卸荷后出现的应力集中系数不同,其变化范围为 1.08~6.0。这说明在开挖卸荷过程中,应力集中系数也会受到各种原因的影响而发生改变,进而影响岩体的卸荷响应特征。

综上所述,在开挖卸荷过程中,待开挖岩体所经历的应力变化过程与开挖卸荷后的应力分布状态有着相同的规律,并且在开挖卸荷过程中控制待开挖岩体中应力变化规律的主要因素为初始应力水平、水平应力的卸荷路径以及垂直主应力集中过程。

2.3 卸荷破坏准则和机理

岩石的破坏准则是研究不同应力状态下岩石破坏条件与破坏机理的力学依据,是 20 世纪以来岩石力学所关注的主要问题之一[108]。通过研究岩石的强度特性和破坏机理而建立的强度准则,可以为地下岩体开挖卸荷工程的设计和稳定性评价提供有意义的参考价值。针对岩石材料而言,目前最基本的 3 种破坏准则有:

（1）莫尔-库仑（Mohr-Coulomb）强度准则

莫尔-库仑强度准则强调的是岩石的破坏机理为剪切破坏，岩石的强度受剪切破坏面上的摩擦力和抗剪黏结力控制，可用公式表达为：

$$\tau = c + \sigma_n \tan \varphi \tag{2-3}$$

式中，τ 为破坏面上作用的剪应力；σ_n 为破坏面上作用的法向应力；c 为黏聚力；φ 为内摩擦角。

莫尔-库仑强度准则的主应力表示形式为：

$$\sigma_1 = \frac{1 + \sin \varphi}{1 - \sin \varphi} \sigma_3 + \frac{2c(1 + \sin \varphi)}{\cos \varphi} = K\sigma_3 + \sigma_c \tag{2-4}$$

式中，K 为常数；σ_c 为岩石材料的单轴抗压强度。

（2）霍克-布朗（Hoek-Brown）准则

霍克-布朗准则是通过岩石材料在常规三轴压缩试验中的试验结果总结出的经验准则，对于完整岩石试样而言，其破坏时的主应力关系可表示为[109]：

$$\sigma_1 = \sigma_3 + \sigma_c \sqrt{m_i \frac{\sigma_3}{\sigma_c} + 1} \tag{2-5}$$

式中，m_i 为霍克-布朗常数。

（3）格里菲斯（Griffith）准则

Griffith 在 1921 年提出脆性材料（如玻璃）的拉伸破坏始于微小缺陷的尖端，他最初的工作是研究材料在拉应力作用下的断裂[110]，后来他将这个概念扩展到双轴压缩载荷作用下的材料拉伸破坏分析，他提出在双轴压缩应力场中，控制拉伸破坏起始的方程为：

$$\sigma_1 = \frac{-8\sigma_t(1 + \sigma_3/\sigma_1)}{(1 - \sigma_3/\sigma_1)^2} \tag{2-6}$$

式中，σ_t 为材料的抗拉强度。

可以看出，格里菲斯准则预测的单轴抗压强度与抗拉强度的比值 $\sigma_c/|\sigma_t| = 8$。

以上 3 种破坏准则都是岩石力学分析中的最基本的破坏准则。随着研究的深入，学者们针对破坏准则的分析进行了许多重要的扩展和完善。例如，Barton[111]认为，线性的莫尔-库仑强度准则不符合岩体的剪切破坏规律，提出采用节理粗糙度系数（JRC）和节理抗压强度（JCS）对岩体的剪切破坏准则进行完善，其破坏表达式为：

$$\tau = \sigma_n \tan\left[\varphi + JRC \cdot \log\left(\frac{JCS}{\sigma_n}\right) \right] \tag{2-7}$$

Hoek 等人[112]基于直拉实验结果对霍克-布朗准则下的拉伸破坏强度进行了校验。为了使得霍克-布朗曲线出现合理的"拉伸截断"，他们提出了对霍克-

布朗参数的修正式：

$$\frac{\sigma_c}{|\sigma_t|} = 8.62 + 0.7m_i \tag{2-8}$$

另外，基于格里菲斯断裂模型，Zuo 等人[113]对岩石材料的破坏特性进行了理论推导，提出了与霍克-布朗准则形式上类似的理论破坏准则：

$$\sigma_1 = \sigma_3 + \sqrt{\frac{\mu}{\beta}\frac{\sigma_c}{\sigma_t}\sigma_3\sigma_c + \sigma_c{}^2} \tag{2-9}$$

就完整性和准确性而言，上述修正后的破坏准则在一定程度上有了进一步的提高，但 3 种基本破坏准则由于参数少且形式简洁，被广泛应用于工程实际中。对于研究具有一定工程背景的具体问题，基本的破坏准则具有一定的优势。

2.4　开挖卸荷后的应力重分布规律

为了进一步研究开挖条件下岩体的开挖卸荷响应规律，可以从开挖卸荷后的应力分布状态入手，分析影响岩体开挖卸荷破裂特征的主要因素。研究表明，开挖卸荷后的应力分布状态由开挖后的应力重分布规律决定。下面将从圆形巷道周边围岩和开挖工作面前方岩体两个方面对应力重分布规律进行研究和对比分析。

2.4.1　圆形巷道周边应力重分布规律

在分析圆形巷道开挖应力重分布过程中，可将问题视为经典的圆形巷道围岩应力分布问题。如图 2-4 所示，在原岩应力为 p_0 的区域内，开挖半径为 a 的圆形巷道后，其应力分布状态可以划分为 3 个区域：Ⅰ原岩应力区；Ⅱ弹性区；Ⅲ塑性破坏区。通过计算水平轴上距开挖中心 r 处的围岩应力，可以得到圆形巷道的开挖应力重分布规律。

当 r 处于塑性区内时（$a \leqslant r \leqslant R_0$），为求得应力分布，首先需要确定岩体的塑性屈服条件，这里采用 2.3 节的莫尔-库仑强度准则来判定塑性破坏条件。因此，将式（2-4）中的 σ_1 和 σ_3 用极坐标下的 σ_θ 和 σ_r 代替，并通过变形后可以得到岩体的屈服条件：

$$\sigma_\theta = (\sigma_r + c \cdot \cot\varphi)\frac{1 + \sin\varphi}{1 - \sin\varphi} - c \cdot \cot\varphi \tag{2-10}$$

$$\sigma_\theta - \sigma_r = (\sigma_r + c \cdot \cot\varphi)\frac{2\sin\varphi}{1 - \sin\varphi} \tag{2-11}$$

式中，σ_θ，σ_r 分别为极坐标下的切向应力和径向应力。

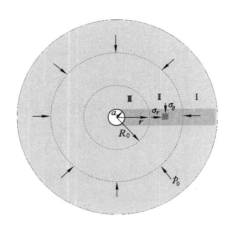

图 2-4　开挖卸荷后圆形巷道周边围岩的应力分布

通过对塑性区内任意单元体的径向平衡分析，得出的平衡方程为：

$$\frac{\mathrm{d}r}{r} = \frac{\mathrm{d}\sigma_r}{\sigma_\theta - \sigma_r} \tag{2-12}$$

将式(2-11)代入式(2-12)，可得：$\ln(\sigma_r + c \cdot \cot \varphi) = \dfrac{2\sin\varphi}{1 - \sin\varphi}\ln r + c$。同时，存在边界条件 $r = a$ 时，$\sigma_r = 0$，因此：

$$\sigma_r = (c \cdot \cot \varphi)\left[\left(\frac{r}{a}\right)^{\frac{2\sin\varphi}{1-\sin\varphi}} - 1\right] \tag{2-13}$$

将式(2-13)代入式(2-10)，可得：

$$\sigma_\theta = (c \cdot \cot \varphi)\left[\frac{1 + \sin\varphi}{1 - \sin\varphi}\left(\frac{r}{a}\right)^{\frac{2\sin\varphi}{1-\sin\varphi}} - 1\right] \tag{2-14}$$

式(2-13)和式(2-14)为塑性区圆形巷道围岩的应力分布规律。

当 r 处于弹性区内时（$R_0 \leqslant r \leqslant \infty$），平衡方程仍如式(2-12)所列，同时结合平面应变问题的本构方程 $\varepsilon_r = \dfrac{1 - \nu^2}{E}\left(\sigma_r - \dfrac{\nu}{1 - \nu}\sigma_\theta\right)$ 和 $\varepsilon_\theta = \dfrac{1 - \nu^2}{E}\left(\sigma_\theta - \dfrac{\nu}{1 - \nu}\sigma_r\right)$，以及几何方程 $\varepsilon_r = \dfrac{\mathrm{d}u}{\mathrm{d}r}$ 和 $\varepsilon_\theta = \dfrac{u}{r}$，则方程组的通解为：

$$\sigma_\theta = A - \frac{B}{r^2}$$

$$\sigma_r = A + \frac{B}{r^2} \tag{2-15}$$

代入边界条件：$r = R_0$ 时，$\sigma_r = \sigma_{R_0}$，$r = \infty$ 时，$\sigma_r = p_0$，则：

$$\sigma_\theta = p_0\left(1 + \frac{R_0{}^2}{r^2}\right) - \sigma_{R_0}\frac{R_0{}^2}{r^2} \tag{2-16}$$

$$\sigma_r = p_0\left(1 - \frac{R_0{}^2}{r^2}\right) + \sigma_{R_0}\frac{R_0{}^2}{r^2} \tag{2-17}$$

当 $r = R_0$ 时,位于弹塑性交界面,此处塑性解与弹性解相同,联立式(2-16)和式(2-17)可得:

$$\sigma_\theta + \sigma_r = 2p_0 \tag{2-18}$$

通过式(2-11)的变形可知:

$$\sigma_\theta - \sigma_r = (\sigma_r + \sigma_\theta + 2c \cdot \cot \varphi)\sin \varphi \tag{2-19}$$

联立式(2-18)和式(2-19),有:

$$\sigma_{r(r=R_0)} = p_0(1 - \sin \varphi) - c \cdot \cos \varphi = \sigma_{R_0} \tag{2-20}$$

将式(2-20)代入式(2-16)和式(2-17),得到弹性区的应力分布规律为:

$$\sigma_\theta = p_0\left(1 + \frac{R_0{}^2}{r^2}\right) - \left[p_0(1 - \sin \varphi) - c \cdot \cos \varphi\right]\frac{R_0{}^2}{r^2} \tag{2-21}$$

$$\sigma_r = p_0\left(1 - \frac{R_0{}^2}{r^2}\right) + \left[p_0(1 - \sin \varphi) - c \cdot \cos \varphi\right]\frac{R_0{}^2}{r^2} \tag{2-22}$$

式中,R_0 可通过弹塑性交界面径向应力相等解得。

从上述分析可以看出,对于弹性区的岩体而言,应力分布规律主要与岩体的性质(c 和 φ)、开挖半径(a)以及原岩应力(p_0)有关;而对于塑性区岩体而言,应力分布规律主要与岩体性质(c 和 φ)和开挖半径(a)有关。

2.4.2 开挖工作面前方应力重分布规律

由于开挖问题的关注重点是塑性破坏区,因此再次利用莫尔-库仑强度准则,进一步分析开挖工作面前方的应力分布状态。对于开挖工作面前方的塑性破坏区内的岩体单元而言,其受力分析如图 2-5 所示。基于莫尔-库仑强度准则,即式(2-4),我们得到的岩体的屈服条件为:

$$\sigma_1(x) = K\sigma_3(x) + \sigma_c \tag{2-23}$$

根据图 2-5 的应力分析,并结合式(2-23),得到的沿 x 轴方向的应力平衡方程为:

$$H\frac{\partial \sigma_3(x)}{\partial x} = 2f\sigma_1(x) = 2f[K\sigma_3(x) + \sigma_c] \tag{2-24}$$

式中,f 为塑性破坏岩层与完整岩层有效界面的摩擦系数;K 为常数;H 为开挖高度。

通过求解式(2-24)所列的微分方程,可得:

$$\sigma_3(x) = -\frac{\sigma_c}{K} + ce^{\frac{2fK}{H}x} \tag{2-25}$$

将边界条件 $x = 0$ 和 $\sigma_3(0) = 0$ 代入式(2-25)中,可得:$c = \frac{\sigma_c}{K}$。因此,开挖工

作面前方塑性破坏区内岩体的应力分布状态为：

$$\sigma_3(x) = -\frac{\sigma_c}{K} + \frac{\sigma_c}{K}e^{\frac{2K}{H}x} \tag{2-26}$$

$$\sigma_1(x) = \sigma_c e^{\frac{2fK}{H}x} \tag{2-27}$$

从式(2-26)和式(2-27)可以看出，对开挖工作面前方塑性破坏区内的岩体而言，其应力分布规律也主要与岩石的物性(σ_c 和 f)和开挖高度(H)有关。

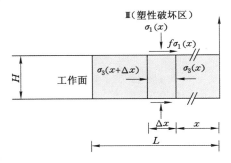

图 2-5　开挖卸荷后工作面前方塑性破坏区岩体的应力状态

通过上述圆形巷道和开挖工作面前方塑性区的应力重分布规律的分析[式(2-13)、式(2-14)、式(2-26)和式(2-27)]可知，控制塑性区应力分布规律的主要因素是岩石性质和开挖尺寸(如开挖半径 a、开挖高度 H)。研究表明，为控制塑性区内岩体的卸荷破裂特征，在不改变岩体特性的条件下，通过调整开挖尺寸是一种有效方式。另外，根据式(2-14)和式(2-27)可知，垂直主应力的变化与开挖尺寸呈负相关关系，说明在弹塑性交界面上的最大主应力($\sigma_{z,max}$)与开挖尺寸呈负相关关系。因此，开挖尺寸越小则应力集中系数越大。

2.5　本章小结

本章首先对深部硬岩机械开挖过程中的力学问题进行了分析，将关注对象分为周边围岩和待开挖岩体，发现在开挖卸荷过程中待开挖岩体所经历的应力变化过程与开挖卸荷后的应力分布状态有着相同的变化规律，并且开挖卸荷过程中控制待开挖岩体的应力变化过程的主要因素为初始应力水平、水平应力的卸荷路径以及垂直主应力的集中过程。

考虑到岩石材料在不同应力状态下的破坏条件始终符合最基本的破坏准则，依据莫尔-库仑强度准则分别对周边围岩和待开挖岩体开挖卸荷后的应力分布状态进行了讨论，发现在开挖卸荷问题所关注的塑性破坏区内应力分布状态主要受岩体性质和开挖尺寸的控制,开挖尺寸越小,开挖引起的应力集中系数越大。

综合本章待开挖岩体的应力变化过程分析和塑性破坏区应力分布状态分析,可以提炼出 5 个影响开挖卸荷响应特征的主要因素:初始应力水平、水平应力的卸荷路径、垂直主应力的集中过程、开挖尺寸、岩体性质。考虑到工程施工的可操作性,在实际的开挖工程中主要可以从以下 3 个方面入手来控制待开挖岩体的卸荷响应特征:

(1)调整施工中的开挖进尺,通过改变开挖推进速度控制卸荷路径,以调整岩体所经历的应力变化速度和作用时间,从而控制卸荷破坏响应特征。

(2)改变开挖工程的尺寸结构,如断面形状、开挖高度等,从而影响岩体的卸荷响应特征。

(3)对工程岩体进行预处理,如人为增加裂隙、注入高压水等,从而改变岩体的性质,以控制卸荷破坏响应特征。

基于以上分析,本书将主要从卸荷速度、卸荷作用时间点、卸荷高度、预制裂隙、水力压裂处理等方面对高应力硬岩的卸荷破裂特征和响应机理进行研究。

3 高应力硬岩卸荷破坏时效特性

3.1 引　言

　　从 20 世纪 70 年代开始,单轴压缩试验和常规三轴压缩试验就被广泛应用于岩石工程中以确定岩土材料的力学性质,国际岩石力学协会最早于 1979 年便确定了单轴压缩试验的标准程序和规范[114],但在地下岩体开挖工程中,岩体单轴压缩和常规三轴压缩的应力状态并不能反映岩体所经历的真实应力路径[115]。岩体在开挖前处于三维应力平衡状态,开挖将导致在一向或多向的应力卸除,从而导致失稳破坏。因此,要揭示深部岩体破坏的内在机制,就必须围绕深部岩体的受力特征再现深部受力环境下的岩石破坏过程。随着现代伺服控制岩石试验机的出现,几乎任何理想的应力路径都可以在一定范围内实现。为此,模拟开挖应力变化状态的卸荷试验逐渐成为研究开挖卸荷过程的有力手段。

　　在工程开挖过程中,施工掘进速度不同,原岩地应力的卸荷速度也不同,从而导致不同的岩体的卸荷响应特征[40,54]。因此,在卸荷试验中,对卸荷速度的研究受到关注,但前人研究中卸荷速度的变化范围很大,例如有卸荷速度达几十兆帕每秒的突然卸荷[116],也有卸荷速度非常小(如 0.01 MPa/s)的准静态卸荷[41]。另外,不同卸荷试验研究中采用的初始应力和应力集中方式不同,所以目前关于卸荷速度对岩石卸荷强度的影响规律存在争议。有研究结果表明,岩石卸荷破坏强度随卸荷速度的增大而降低[117];但也有研究结果表明,岩石卸荷破坏强度随卸荷速度的增大而增大[41,54]。因此,卸荷速度对破坏响应的影响是否受应力路径控制是值得深入研究的问题,并且通过研究不同卸荷速度下岩体的破坏特性还可以为施工掘进速度的调整提供指导意见。

　　此外,地下工程开挖中,除了可以通过改变开挖掘进速度对岩体卸荷破坏特征进行控制外,还可以通过改变开采工序之间的时间间隔来控制岩体变形和破坏。卸荷过程中有两个重要的时间节点,即卸荷结束点和卸荷后持续点。何满潮等人[116]发现,当快速卸荷应力时,有的试样在卸荷结束点会立即发生岩爆,有的则在卸荷后持续一定时间(20 min 内)发生岩爆。王贤能等人[117]、李忠等人[118]、何川等人[119]、曹强等人[120]通过分析和总结隧道中岩爆发生的时间,证明了开挖后岩爆的发生具有延迟效应。因此,对卸荷过程中不同时间节点的破坏特征的研究将有助于了解卸荷破坏的时效机制。

本章首先通过不同应力路径下的大理岩的卸荷试验,重点分析了卸荷速度对卸荷强度和破坏模式的影响,随后基于大理岩的力学特征建立了相应的数值模型,通过离散元方法研究了卸荷过程中不同时间节点的破裂特征。

3.2　不同卸荷速度下高应力硬岩卸荷破坏特征

3.2.1　卸荷试验材料及试验设备

试验所用试样取自湖南省耒阳市某大理岩采石场,该采石场的大理岩具有很好的均质性和各向同性,这有利于试验结果的可比性和规律性;采用机械切割法分离大理岩,得到的大理岩荒料初始损伤小,可以最大限度地降低人为损伤对试样变形和破坏的影响。另外,大理岩具有典型的脆性硬岩特征,是一种理想的硬岩岩石力学试验材料。

取得大理岩荒料后,根据 ISRM 建议的方法将其加工成标准的岩石力学试验试样。首先采用岩石切割机对大块荒料以稍大于规定的尺寸进行切割,然后利用双端面磨石机对切割后的试样进行打磨,制成标准的 $\phi50$ mm$\times100$ mm(高)和 $\phi50$ mm$\times25$ mm(高)圆柱形试样,并按照 ISRM 的要求保证端面的不平行度和不垂直度均不大于 0.02 mm。对尺寸为 $\phi50$ mm$\times100$ mm 的试样进行单轴压缩试验、常规三轴压缩试验和常规三轴卸荷试验。试验前,大理岩的密度和波速分别为 2 810 kg/m³ 和 3 978 m/s。

该试验在中南大学高等力学研究中心的伺服控制岩石力学测试系统(MTS 815)上进行(图 3-1)。该试验系统由三轴压力系统、孔隙压力增压器、围压增压器、数据自动采集系统和软件控制平台等组成。其中,三轴压力系统由围压腔和轴向加载平台组成,可对围压和轴向压力进行伺服控制。试样置于轴向加载平台上,并涂抹润滑剂以减小试样与平台之间的摩擦效应。在试验过程中,通过轴向引伸计(MTS 632.90,精确至±0.01%)测量试样的轴向应变,通过链式环向引伸计(MTS 632.92,精确至±0.01%)测量试样的横向应变。

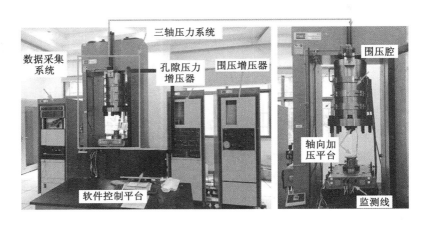

图 3-1　试验设备

3.2.2　试样的基本力学特性

在进行卸荷试验之前,首先进行单轴压缩试验和常规三轴压缩试验,以确定岩石材料的基本力学性质。

（1）单轴压缩试验

将轴向和环向引伸计安装在试样中心位置,然后将试样置于轴向加载板之间,利用三轴压力系统对试样进行轴向压缩。在试验过程中,轴向载荷以恒定的 0.15 mm/min 的位移加载速度加载至试样破坏,获得单轴压缩下的全应力-应变曲线。单位面积上所承受的轴向载荷（σ_{axial}）为轴向应力（σ_1）,应力的计算公式为:

$$\sigma_{\text{axial}} = \sigma_1 = \frac{P}{A} \tag{3-1}$$

式中,P 为单轴压缩过程中的轴向载荷;A 为试样断面积。

单轴压缩过程中出现的峰值应力称为单轴抗压强度 σ_c。

由试验得到的应力-应变曲线如图 3-2 所示。根据应力-应变曲线的关系,岩石试样的平均弹性模量和平均泊松比可以按下式计算:

$$\begin{cases} E = \dfrac{\sigma_b - \sigma_a}{\varepsilon_{1b} - \varepsilon_{1a}} \\ \mu = \dfrac{\varepsilon_{1b} - \varepsilon_{1a}}{\varepsilon_{3b} - \varepsilon_{3a}} \end{cases} \tag{3-2}$$

式中,E 为试样的平均弹性模量;μ 为试样的平均泊松比;σ_a 为轴向应力-应变曲线的直线段起始点 a 处的应力值;σ_b 为直线段终点 b 处的应力值;ε_{1a} 和 ε_{1b} 分别为应力点 a 处和 b 处的轴向应变;ε_{3a} 和 ε_{3b} 分别为应力点 a 处和 b 处的横向应变。

由图 3-2 可以看出,试样在单轴压缩条件下峰值前有明显的弹性变形特征,峰值后则表现为明显的脆性破坏特征。表 3-1 为大理岩试样的单轴压缩试验结果。

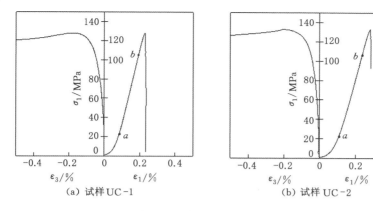

（a）试样 UC-1　　　　　　　（b）试样 UC-2

图 3-2　单轴压缩条件下试样的应力-应变曲线

表 3-1　大理岩试样的单轴压缩试验结果

试样编号	直径/mm	高/mm	σ_c/MPa	E/GPa	μ
UC-1	49.64	100.54	127.9	70.29	0.21
UC-2	48.98	100.50	135.3	76.41	0.21

图 3-3 为单轴压缩条件下试样的破坏形态。可以看出，虽然试样外围出现了沿轴向发展的劈裂拉伸破坏，但是试样内部的破坏形式为单斜面剪切破坏。

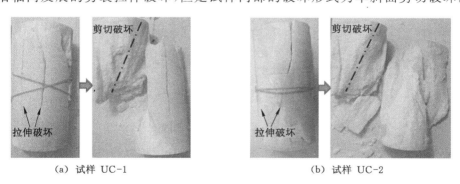

（a）试样 UC-1　　　　　　　（b）试样 UC-2

图 3-3　单轴压缩条件下试样的破坏形态

（2）常规三轴压缩试验

我国深部地下结构一般处于 1 000～1 500 m 的深度，地应力条件为 30～40 MPa[121]。因此，进一步对 40 MPa 围压条件下试样进行常规三轴压缩试验，获得 40 MPa 下的常规压缩强度特性，用于对比后续 40 MPa 地应力下的卸荷试验结果。

常规三轴压缩试验中围压保持 40 MPa 不变，轴向载荷以恒定的位移加载速度0.15 mm/min加载至试样破坏,获得常规三轴压缩下试样的全应力-应变曲线。单位面积上所承受的轴向载荷为偏应力,计算公式为:

$$\sigma_{axial} = \sigma_1 - \sigma_3 = \frac{P}{A} \tag{3-3}$$

式中,σ_1 为轴向应力;σ_3 为始终保持40 MPa的围压;P 为常规三轴压缩试验过程中的轴向载荷;A 为试样断面面积。

常规三轴压缩试验过程中出现的轴向应力的峰值称为常规三轴抗压强度 σ_{tc}。

图3-4为常规三轴压缩试验中的应力-应变曲线。可以看出,40 MPa围压下试样的脆性减小,表现出明显的延性破坏特征,在峰值后存在残余强度。大理岩试样的常规三轴压缩试验结果汇总于表3-2。

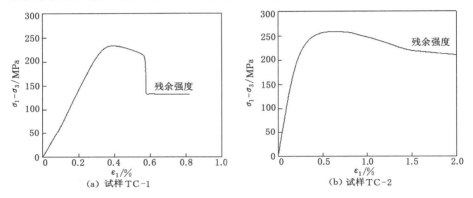

图3-4　常规三轴压缩试验中的应力-应变曲线

表3-2　大理岩试样的常规三轴压缩试验结果

试样编号	直径/mm	高/mm	围压/MPa	$\sigma_{tc\text{-}40}$/MPa
TC-1	49.70	100.48	40	273.5
TC-2	49.63	100.36	40	300.4

图3-5为常规三轴压缩试验试样的破坏形态。可以看出,试样的破坏形态为单斜面剪切破坏,破坏倾角约为61°和63°。

3.2.3　不同卸荷速度下的卸荷试验方案

由2.2节的卸荷过程分析中可知,影响开挖卸荷过程中的应力变化过程的主要因素有初始应力、卸荷路径和应力集中过程。因此,在卸荷试验中,我们设计了3组常规三轴卸荷试验,即TUL1组、TUL2组和TUL3组。3组卸荷试验中的应力路径分别如图3-6所示。各组的具体试验方案如下:

(1) TUL1组

采用图1-8所示的"增轴压卸围压I"方式,其对应的工程背景为开挖卸荷前岩

（a）试样 TC-1   （b）试样 TC-2

图 3-5　常规三轴压缩试验试样的破坏形态

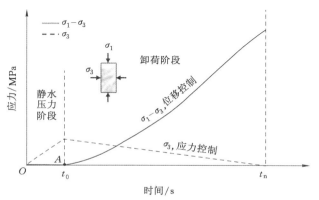

（a）TUL1组，应力路径为"增轴压卸围压Ⅰ"

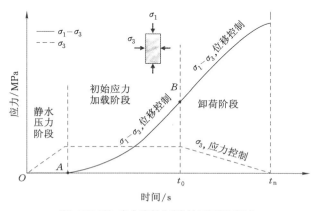

（b）TUL2组，应力路径为"增轴压卸围压Ⅱ"

图 3-6　卸荷试验中的应力路径

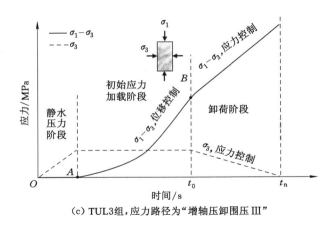

（c）TUL3组，应力路径为"增轴压卸围压Ⅲ"

图 3-6 （续）

体处于均匀原岩地应力场，初始地应力条件为 $\sigma_1 = \sigma_2 = \sigma_3$；在开挖过程中，应力集中速度较慢。试验中的应力路径为：首先，以 0.1 MPa/s 的速度控制围压腔中的压力，直至围压腔中的试样处于 40 MPa 静水压力状态（A 点）。然后，用位移控制方式将轴向载荷按照 0.05 mm/min 的速度缓慢增加，同时用应力控制方式将围压按照一定的速度卸荷到 0 MPa 时停止试验。卸荷过程中分别采用 4 种不同的卸荷速度卸围压，即 1 MPa/s、0.1 MPa/s、0.05 MPa/s、0.01 MPa/s。

（2）TUL2 组

采用图 1-8 所示的"增轴压卸围压Ⅱ"方式，其对应的工程背景为开挖卸荷前岩体处于非均匀原岩地应力场，地应力条件为 $\sigma_1 > \sigma_2 = \sigma_3$；在开挖过程中，应力集中速度慢。试验中的应力路径为：首先，静水压力阶段与 TUL1 相同。然后，在初始应力阶段，保持试样上的围压不变，用位移控制方式将轴向载荷按照0.15 mm/min 的速度增加，直到达到初始应力状态（点 B），此时试样上作用的轴向应力为 40 MPa 围压下平均常规三轴压缩强度（$\sigma_{tc-40} = 287$ MPa）的 65% 左右，这样既能保证卸荷过程中试样发生破坏，又能保证在初始应力阶段试样内部不产生大量裂纹以致影响卸荷结果。最后，轴向载荷继续以 0.15 mm/min 的速度缓慢增加，并以应力控制的方式按照一定的速度卸荷围压至零。卸荷过程中分别采用4 种不同的卸荷速度卸围压，即 1 MPa/s、0.1 MPa/s、0.05 MPa/s、0.01 MPa/s。

（3）TUL3 组

采用图 1-8 所示的"增轴压卸围压Ⅲ"方式，其对应的工程背景为开挖卸荷前岩体处于非均匀原岩地应力场，地应力条件为 $\sigma_1 > \sigma_2 = \sigma_3$；在开挖过程中，应力集中速度快。试验中的应力路径为：首先，静水压力阶段与 TUL1 相同。其次，在初始应力阶段，试样上的围压仍保持不变，用位移控制方式将轴向载荷按照 0.15 mm/min 的速度增加,直到达到初始应力状态(B 点),此时试样上作用的轴向应力为 40 MPa 围压下平均常规三轴压缩强度($\bar{\sigma}_{tc-40}$＝287 MPa)的 75% 左右。最后,以应力控制的方式使轴向载荷按照一定的速度快速增加,同时围压也以应力控制的方式卸荷至零。卸荷过程中分别采用 4 种不同的卸荷速度卸围压,即 1 MPa/s、0.1 MPa/s、0.05 MPa/s、0.01 MPa/s。

在上述 3 组卸荷试验中,通过伺服控制可实现对轴向载荷和围压的控制过程。由于 TUL2 组和 TUL3 两组试验过程中,当卸荷开始时,需要通过软件控制平台人为转换应力控制方式,因此初始应力(B 点)处的轴向载荷稍有不同。具体的试验条件见表 3-3。

表 3-3　大理岩卸荷试验条件

试验分组	试样编号	直径/mm	高/mm	初始应力/MPa		轴压增加速度 v_1	围压卸荷速度 v_3/(MPa·s^{-1})
				σ_1	σ_3		
TUL1 组	TUL1-1	49.40	100.34	40	40	0.05 mm/min	1.0
	TUL1-2	49.53	100.38	40	40		0.1
	TUL1-3	49.44	100.70	40	40		0.05
	TUL1-4	49.50	100.41	40	40		0.01
TUL2 组	TUL2-1	49.52	100.38	190	40	0.15 mm/min	1.0
	TUL2-2	49.65	100.64	188	40		0.1
	TUL2-3	49.58	100.25	195	40		0.05
	TUL2-4	49.48	100.23	190	40		0.01
TUL3 组	TUL3-1	49.54	100.28	214	40	1.0 MPa/s	1.0
	TUL3-2	49.68	100.12	220	40	0.1 MPa/s	0.1
	TUL3-3	49.42	100.55	208	40	0.05 MPa/s	0.05
	TUL3-4	49.66	100.78	216	40	0.01 MPa/s	0.01

3.2.4　不同卸荷速度下卸荷试验结果及分析

按照上述的应力路径和应力条件,对围压进行卸荷,在卸荷过程中监测应力和应变的变化情况。图 3-7 为卸荷试验中典型的应力-时间曲线。可以看出,不同的卸荷应力条件下,试样出现的应力峰值差异不大,说明卸荷强度受应力路径的影响不明显。在不同卸荷应力条件下,卸荷强度随卸荷速度的变化规律将在后文给出。

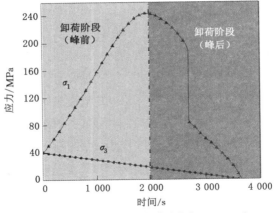

(a) 试样 TUL 1-4，卸荷速度为 0.01 MPa/s

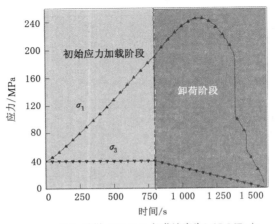

(b) 试样 TUL 2-3，卸荷速度为 0.05 MPa/s

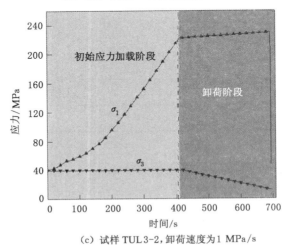

(c) 试样 TUL 3-2，卸荷速度为 1 MPa/s

图 3-7 卸荷试验中典型的应力-时间曲线

图 3-8 为卸荷试验中典型的应力-应变曲线。可以看出,在不同的应力条件下,峰后试样均不具有残余强度,而且轴向应力均出现了突然的应力降低过程。在卸荷速度较大的情况下(TUL3-2),应力突降的现象明显,轴向变形越小。究其原因,由于卸荷过程中围压的降低使得试样表现出脆性特征,且卸荷速度越大脆性特征越明显。另外,由图 3-8(b)和图 3-8(c)可以看到,试样在初始应力加载阶段的应力-应变曲线表现为线弹性,说明试样在到达初始应力状态前没有发生塑性破坏,试样的破坏大都发生在卸荷阶段。

卸荷试验过程中出现的轴向应力(σ_1)的峰值被称为卸荷破坏强度(σ_u),与之对应的围压(σ_3)被称为卸荷破坏围压。卸荷试验得到的具体结果见表 3-4。

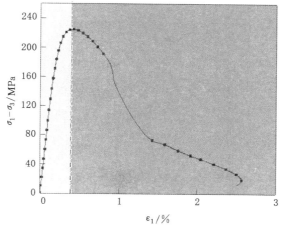

(a) 试样TUL1-4,卸荷速度0.01 MPa/s

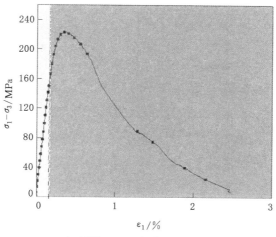

(b) 试样TUL2-3,卸荷速度0.05 MPa/s

图 3-8 卸荷试验中典型的应力-应变曲线

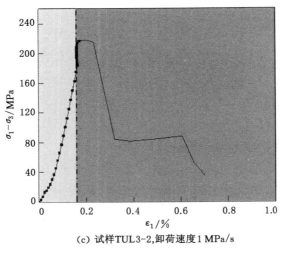

(c) 试样TUL3-2,卸荷速度1 MPa/s

图 3-8 （续）

其中 TUL1-1、TUL1-2、TUL2-1 在卸荷过程没有破坏,这是由于 3 种情况下轴压的增加速度缓慢,在对应卸荷速度下轴压来不及达到破坏应力状态,所以 3 个试样没有发生卸荷破坏,也没有卸荷破坏强度。

表 3-4　大理岩卸荷试验结果

试验分组	试样编号	卸荷破坏强度/MPa	卸荷破坏围压/MPa	试样破坏情况
TUL1 组	TUL1-1	—	—	不破坏
	TUL1-2	—	—	不破坏
	TUL1-3	236.4	16.4	剪切破坏＋拉伸破坏
	TUL1-4	243.1	18.3	剪切破坏
TUL2 组	TUL2-1	—	—	不破坏
	TUL2-2	240.6	20.1	剪切破坏
	TUL2-3	244.0	21.3	剪切破坏
	TUL2-4	245.1	22.1	剪切破坏
TUL3 组	TUL3-1	232.1	11.7	剪切破坏＋拉伸破坏
	TUL3-2	230.5	12.5	剪切破坏
	TUL3-3	229.5	13.3	剪切破坏
	TUL3-4	229.2	14.1	剪切破坏

根据试验结果进一步对卸荷破坏强度(σ_u)进行研究,虽然目前众多试验研究对岩石在卸荷条件下的破坏强度进行了广泛的分析,但是还没有统一的或者达成共识的卸荷强度判别公式。其主要原因是众多研究者采用的应力路径不同,应力控制方式也不同。目前,应用最广泛的完整岩石强度判据为莫尔-库仑强度准则和霍克-布朗强度经验公式,这两种判据都可以用于分析完整岩石在单轴压缩、三轴压缩条件下的试样破坏强度,其判别公式见式(2-4)和式(2-5)。为了研究卸荷破坏强度(σ_u)是否能利用莫尔-库仑强度准则和霍克-布朗经验公式进行分析,结合 3.2.1 小节和 3.2.2 小节中的单轴压缩强度(σ_c)和三轴压缩强度(σ_{tc}),对岩石的破坏强度(σ_1)与破坏围压(σ_3)的关系进行了强度回归分析(图 3-9)。回归结果分别为:

$$\begin{cases} \sigma_1 = 3.4\sigma_3 + 167.6, R^2 = 0.77 \\ \sigma_1 = \sigma_3 + \sigma_c \sqrt{11.5 \times \dfrac{\sigma_3}{\sigma_c} + 1}, R^2 = 0.80 \end{cases} \tag{3-4}$$

式中,R^2 为拟合优度。

如图 3-9 所示,两种判据可以对包括卸荷强度在内的岩石强度特征进行大致拟合且拟合效果接近。但是,卸荷强度基本高于回归强度,特别是 TUL1 组和 TUL3 组,这是由于卸荷条件下岩石变形破坏特征与传统压缩条件下的不同。

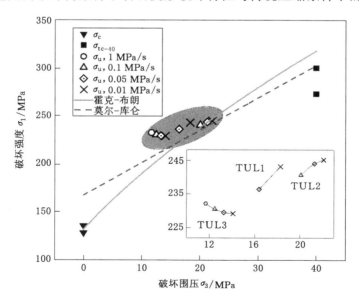

图 3-9 不同应力路径下岩石破坏强度与破坏围压关系

除此之外,由图 3-9 中的放大图可以看出,在不同的应力路径下,卸荷强度随卸荷速度的变化规律不同。当应力路径为"增轴压卸围压Ⅰ"(TUL1 组)和

"增轴压卸围压Ⅱ"(TUL2组)时,卸荷速度越慢,卸荷强度越大。这是因为在两种应力条件下,当卸荷速度越慢时,围压在卸荷过程中的限制作用越大,破坏强度越大。当应力路径为"增轴压卸围压 Ⅲ"(TUL3组)时,卸荷速度越慢,卸荷强度越小。这是因为在该应力条件下,轴向应力以较快的速度增加,并且卸荷开始时试样已经处于较高的轴向应力水平,卸荷速度越慢,轴压作用的时间越长,导致卸荷过程中累积的破坏越大,破坏强度越小。

图 3-10 为卸荷条件下大理岩试样的破坏形态。可以看出,除了试样TUL1-3和TUL3-1外,其他试样都以剪切破坏形态发生破坏。而试样 TUL1-3除了剪切破坏之外,还出现与单轴压缩破坏类似的劈裂拉伸裂纹,这是由于在围压卸荷至零时,试样上仍然作用了较大的轴压,试样是在高轴压的作用下发生了劈裂破坏。试样 TUL3-1 也发生了明显的拉伸破坏,说明快速卸荷的条件下试样容易发生拉伸破坏,这与黄达等人[40,46]的结论一致。

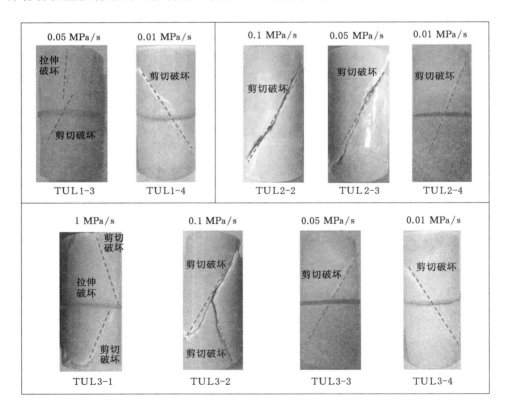

图 3-10　卸荷试验中试样的破坏形态

除卸荷应力路径外,在卸荷过程中的不同时间节点,试样破坏特性也不同。但由于在卸荷试验过程中,无法实时观测试样破坏特性随时间的演化过程,因此下面将采用数值模拟的方法对不同时间节点下的卸荷破坏特征进行进一步的分析。

3.3 不同卸荷时间节点下高应力硬岩卸荷破坏特征

为了进一步分析卸荷过程中两个不同时间点(卸荷结束点和卸荷后持续点)的破坏特征,采用 PFC(particle flow code)离散元软件进行卸荷过程的数值模拟。

3.3.1 应力卸荷数值模拟方法介绍

基于 Cundall 等人[122]提出的离散单元法理论,PFC 数值软件(particle flow code)通过计算颗粒介质的相互运动和力的传递,从而实现对非连续、非线性的材料破裂过程进行模拟。PFC 软件中用于模拟岩石或岩石类材料力学特性的模型主要有 3 种:光滑节理(SJ)模型、接触黏结(CB)模型和平行黏结(PB)模型。其中,光滑节理(SJ)模型在模拟岩体复杂闭合节理和岩石交界面的力学特性方面具有优势,但其所要输入的材料参数多且难以校核;CB 模型可以模拟颗粒介质之间的拉伸和剪切破坏,但是只要颗粒保持接触,即使颗粒间的黏结断裂也不会影响宏观刚度,这一点与岩石材料不符;PB 模型则是一种更为真实的岩石类材料的模型,被广泛地应用于多种脆性岩石材料的模拟中[123]。本书以 3.2 节中测试的完整大理岩试样为研究对象,采用 PB 模型来模拟岩石的力学性能。

在 PB 模型中,将岩石材料看作数以万计的颗粒集合体,同时颗粒之间通过平行黏结而胶结在一起(图 3-11)。模型的力学性能受颗粒和平行黏结的微观参数控制:

$$
\begin{cases}
\left(E_c, \dfrac{k_n}{k_s}, \mu\right), \text{颗粒的微观参数} \\[3mm]
\left(\overline{E}_c, \dfrac{\overline{k_n}}{\overline{k_s}}, \lambda, \overline{\sigma}_c, \overline{\tau}_c\right), \text{平行黏结的微观参数}
\end{cases}
$$

其中,E_c,$\overline{E}_c$ 分别为颗粒和平行黏结的弹性模量;k_n/k_s,$\overline{k_n}/\overline{k_s}$ 分别为颗粒和平行黏结的法向刚度与剪切刚度比;λ 为平行黏结的半径系数;μ 为颗粒摩擦系数;$\overline{\sigma}_c$,$\overline{\tau}_c$ 分别为平行黏结的拉伸强度和剪切强度。一旦给出了合适的微观参数,那么模型整体就能模拟相应的宏观力学行为。

模型的力学行为由颗粒运动和平行黏结的受力情况来控制,两个相互接触

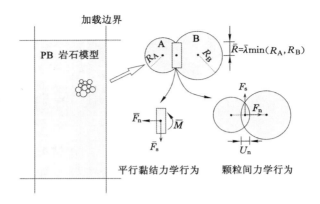

图 3-11　PFC 离散元中 PB 模型示意图

的颗粒之间的法向作用力通过下式计算：

$$F_n = k_n U_n \qquad (3-5)$$

式中，F_n 为法向力；k_n 为颗粒法向刚度；U_n 为法向位移。

颗粒间的切向作用力 F_s 通过增量方式计算。当颗粒间开始接触时，设 $F_s = 0$，每一次后续的切向位移增量（ΔU_s）都会使得切向作用力增加：

$$\Delta F_s = - k_s \Delta U_s \qquad (3-6)$$

式中，k_s 为颗粒切向刚度。

除了颗粒之间进行力的传递之外，平行黏结也可以传递颗粒之间的力和力矩，平行黏结上的力和力矩也通过增量的方式计算：

$$\begin{cases} \Delta \bar{F}_n = \bar{k}_n A \Delta U_n \\ \Delta \bar{F}_s = - \bar{k}_s A \Delta U_s \end{cases} \qquad (3-7)$$

$$\Delta \bar{M} = - \bar{k}_n I \Delta \theta_s \qquad (3-8)$$

式中，ΔU_n，ΔU_s，$\Delta \theta_s$ 分别为后续的法向位移增量、位移切向位移和旋转增量；A，I 分别为平行黏结的截面面积和转动惯量。

一旦作用于平行黏结上的最大拉应力（σ_{max}）和最大剪应力（τ_{max}）超过设定的平行黏结的拉伸强度和剪切强度，那么黏结断裂，试样内部形成微裂纹，微裂纹的产生和累积引起模型的宏观破坏及变形。控制微裂纹产生的条件可表示为：

$$\begin{cases} \dfrac{\sigma_{max}}{\sigma_c} \geqslant 1 \\[4mm] \dfrac{\tau_{max}}{\tau_c} \geqslant 1 \end{cases} \qquad (3-9)$$

上式中，最大拉应力（σ_{max}）和最大剪应力（τ_{max}）分别根据黏结上的力和力矩计算得到：

$$\begin{cases} \sigma_{\max} = \dfrac{-\bar{F}_{\mathrm{n}}}{A} + \dfrac{|\bar{M}|}{I}\bar{R} \\[3mm] \tau_{\max} = \dfrac{|\bar{F}_{\mathrm{s}}|}{A} \end{cases} \tag{3-10}$$

式中，$\bar{R}$ 为平行黏结的半径。

为了验证 PB 模型能否适合于模拟大理岩在高初始应力条件下的力学行为和破坏特性，需要对模型的参数进行验证和校对。

3.3.2 硬岩试样数值模型的建立

由于岩石的破坏特性与岩石材料固有的力学性质有很大的关系，因此，为了模拟卸荷过程中岩石的破坏特性，必须先对模型进行力学特性验证。就本书采用的脆性大理岩试样而言，其基本的力学特性主要有单轴抗压强度、弹性模量、泊松比、常规三轴压缩强度等。通过不断调整模型的材料参数，进行一系列的反复试错模拟试验，将得到的数值模拟结果与室内试验结果对比，可以较好地校准模型参数。对模型参数的校核主要通过两组试错模拟试验，即单轴压缩模拟试验和常规三轴压缩模拟试验。

在试错模拟试验中，二维数值模型的宽和长分别为 50 mm 和 100 mm，与试验中大理岩试样的直径和长相同，其边界条件也与室内试验相同。首先输入一组大致合理的材料参数，然后进行模拟试验，将模拟得到的基本的力学特性与试验结果对比，调整参数后重新模拟计算，通过反复调整与对比，直至模拟试验结果与室内试验结果之间的差异很小为止（<5%）。表 3-5 为最终确定的模型参数。在这组参数下进行模拟试验，其结果见表 3-6。

表 3-5　大理岩数值模型的微观力学参数

颗粒微观力学参数	数值	平行黏结微观力学参数	数值
颗粒密度/(kg·m⁻³)	2 810	平行黏结弹性模量 $\bar{E}_{\mathrm{b}}$/GPa	58
最小颗粒半径 $R_{\min}$/mm	0.25	平行黏结抗拉强度 $\bar{\sigma}_{\mathrm{c}}$/MPa	94±5
颗粒半径比 $R_{\max}/R_{\min}$	1.5	平行黏结抗剪强度 $\bar{\tau}_{\mathrm{c}}$/MPa	188±5
颗粒弹性模量 E_{p}/GPa	58	平行黏结刚度比 $\bar{k}_{\mathrm{n}}/\bar{k}_{\mathrm{s}}$	2.5
颗粒摩擦系数 μ	0.65	半径系数 $\bar{\lambda}$	1.0

表 3-6   模拟试样和大理岩试样的力学特性

参数	试验结果	模拟结果	误差/%
密度 $\rho/(\text{kg} \cdot \text{m}^{-3})$	2 810	2 810	—
弹性模量 E/GPa	76.4	75.6	1.05
泊松比 μ	0.21	0.21	—
单轴抗压强度 σ_c/MPa	135.3	136.1	0.59
常规压缩强度 $\sigma_{tc-40}/\text{MPa}$	273.5	264.2	3.40

由表 3-6 可以看出,模拟试样的力学特性与大理岩试样的力学特性十分接近。除了基本力学特性外,图 3-12 模拟得到的应力-应变曲线和破坏形态与室内试验结果也相似。值得注意的是,由于数值模拟中没有考虑岩石的初始微裂纹,所以在单轴压缩模拟过程中,应力-应变曲线未出现初始压密阶段,如图 3-12(a)所示。但是,这一点差异并不会影响模型的最终破坏。由图 3-12(b)和图 3-12(c)可以看出,模拟试样和大理岩试样的破坏非常接近:在单轴压缩条件下,试样中同时出现了轴向劈裂破坏和剪切破坏;在 40 MPa 常规压缩条件下,试样由单斜面剪切破坏控制。

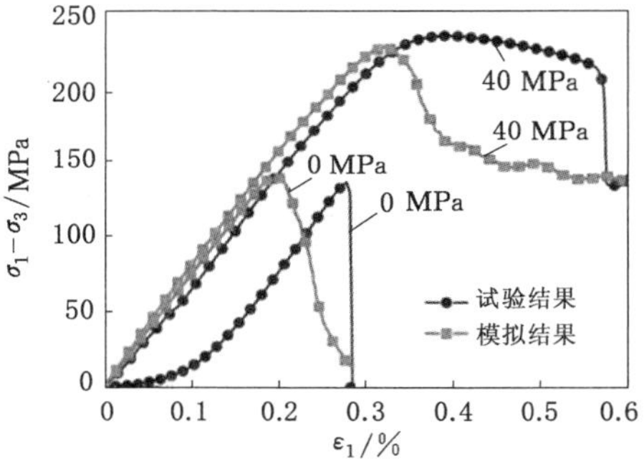

（a）应力-应变曲线对比

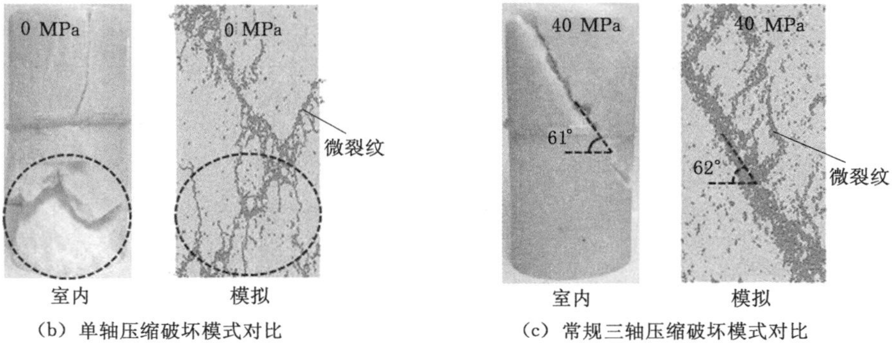

（b）单轴压缩破坏模式对比   （c）常规三轴压缩破坏模式对比

图 3-12   模拟试验结果与室内试验结果对比

从上述结果可以看出,数值模拟得到的力学特性、应力-应变曲线以及破坏形态与室内试验结果具有很好的一致性,说明采用表 3-5 中的材料参数所建立的 PB 模型可以很好地反映脆性大理岩的力学行为,该模型适用于描述岩石在准静态条件下的破坏响应特征。

3.3.3　不同卸荷时间节点下卸荷数值模拟试验步骤

数值模拟中采用图 1-8 所示的"定轴压卸围压"的应力路径,通过编写 FISH 程序控制模型上的边界条件,以实现对应力路径的控制。在卸荷试验过程中,轴向应力(σ_1)和侧向应力(σ_3)的变化过程可表达为:

$$\sigma_1 = \begin{cases} p_0 + \dfrac{p_1 - p_0}{t_0}t, 0 \leqslant t < t_0 \\ p_1, t \geqslant t_0 \end{cases} \tag{3-12}$$

$$\sigma_3 = \begin{cases} p_0, 0 \leqslant t < t_0 \\ p_0\left(1 - \dfrac{t - t_0}{\Delta T}\right), t_0 \leqslant t \leqslant t_n \\ 0, t_n \leqslant t \leqslant t_s \end{cases} \tag{3-13}$$

式中,t 为时间;p_0 为静水压力,模拟中仍取 40 MPa;p_1 为初始应力;t_0 为卸荷开始点;t_n 为卸荷结束点;t_s 为卸荷后持续点;ΔT 为卸荷时间($\Delta T = t_n - t_0$)。

图 3-13 为卸荷模拟试验中的应力路径。

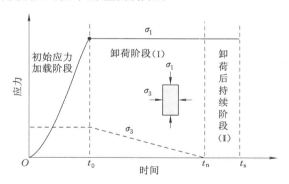

图 3-13　卸荷模拟试验中的应力路径

由于试验采用的是线性卸荷,故可以通过改变卸荷时间 ΔT 来控制不同的卸荷速度,说明卸荷时间越短,卸荷速度越快。选择具有代表性的卸荷时间是模拟静态卸荷试验的关键,应从两个方面进行考虑:一方面,根据 Li 等人[67]的研究可知,在进行开挖卸荷分析时,如果开挖卸荷时间为 2 ms 和 5 ms,通过理论计算和数值模拟可以发现,其卸荷过程的动态扰动影响很小,可视为非爆卸荷过程(图 3-14)。基于上述考虑,尝试采用 2 ms 和 5 ms 作为卸荷时间来进行卸荷模拟试验。另一方面,数值模拟采用"时步"(time step)进行计算,本模型中 1 ms 约为 5×10^4 时步,若采用的卸荷时间为 2 ms 时,本模型下初始应力(p_0)的卸荷速度足够小(约为 4×10^{-4} MPa/时步),可被视为静态卸荷。因此,取 2 ms 和 5 ms 作为卸荷时间进行不同卸荷速度下的非爆卸荷模拟是合理的。

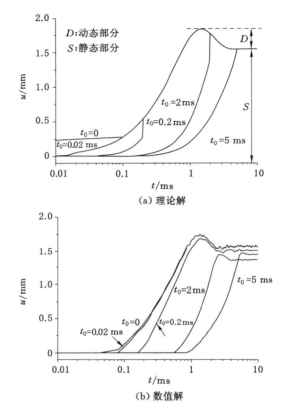

图 3-14　不同卸荷时间下开挖动力扰动分析[67]

卸荷模拟试验的具体步骤如下:

(1) 在 4 个边界内采用颗粒排斥法生成颗粒集,颗粒间施加平行黏结接触,并赋予校准后的细观参数,生成具有大理岩特性的数值试样。

(2) 将 40 MPa 静水压力(p_0)施加到边界上,使试样处于静水压力状态。

(3) 保持围压(σ_3)不变,通过编写伺服应力控制程序,使得轴压(σ_1)加载至初始应力值 160 MPa,该初始应力是数值试样常规三轴压缩强度 σ_{tc-40} 的 60% 左右。这样既能保证卸荷过程中试样发生破坏,又能保证在初始应力阶段试样内部不产生大量裂纹以致影响卸荷结果。

(4) 保持轴压不变,以不同速度卸围压,直到围压为零。

(5) 围压达到零之后,应力状态仍然持续作用一段时间,直到卸荷后持续点

t_s。考虑到最长的卸荷时间 ΔT 为 5 ms,为方便对比,同时保证不同卸荷速度下轴压作用时间相同,取卸荷开始点(t_0)之后的 6 ms 处作为卸荷后持续点(t_s)。

3.3.4　不同卸荷时间节点下数值模拟试验结果分析

图 3-15 为不同卸荷时间下应力随时间的变化过程。可以看出,整个应力变化过程分为 3 个阶段:初始应力阶段、卸荷阶段和卸荷后持续阶段。原本通过伺服应力控制程序保持不变的轴压(σ_1)在卸荷后期发生了波动,这是由于试样在卸荷过程中发生破裂造成的。

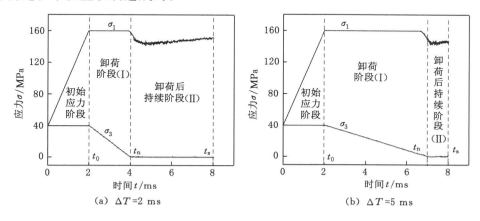

图 3-15　卸荷过程中的应力-时间变化曲线

试样在卸荷结束点(t_n)和卸荷后持续点(t_s)两处的破坏形态如图 3-16 所示。可以看出,在卸荷结束点(t_n),试样的破坏形态受剪切破坏面的控制,并且存在多条宏观剪切裂纹,且当卸荷速度较快时($\Delta T = 2$ ms),宏观剪切裂纹较少;在卸荷持续点(t_s),试样出现块体剥落,且当卸荷速度较快时($\Delta T = 2$ ms),试样发生大变形。

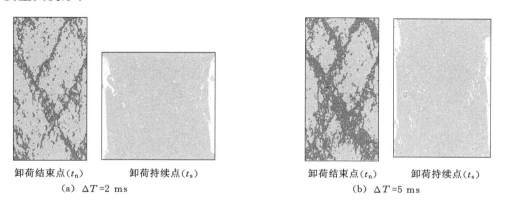

图 3-16　卸荷过程中试样的破坏形态

为了说明卸荷条件下试样破坏随时间的演化过程,对试样中微裂纹数量进行了实时监测。同时,为定义试样的损伤程度,通过微裂纹累积来量化损伤参数 D_f,即:

$$D_f = \frac{N_c - N_0}{N_p - N_0} \qquad (3-14)$$

式中,N_c 为特征时间点的裂纹数量;N_0 为卸荷开始点的裂纹数量;N_p 为模型的黏结总数。

图 3-17 为卸荷过程中裂纹数量随时间的变化过程。从不同时间点的损伤参数(D_f)可以发现,在相同卸荷速度下,卸荷后持续点(t_s)的损伤程度远远大于卸荷结束点(t_n)的损伤程度。依据这一结论,从巷道围岩的稳定性来看,如果要保证巷道围岩在开挖后不发生大程度破坏,那么就要进行及时支护。另外,从开挖岩体的破碎效果来看,如果要使开挖岩体具有一定的破碎程度(便于后续提高机械掘进效率),那么需要在开挖后给开挖岩体提供一定的时间间隔。

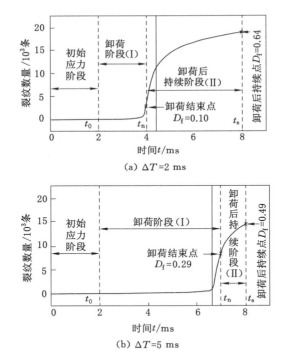

图 3-17　卸荷过程中裂纹数量随时间的变化过程

此外,对比图 3-17 中不同卸荷速度下的裂纹变化过程可以发现,当卸荷速度较快时($\Delta T=2$ ms),裂纹的快速增加过程出现在卸荷后持续阶段;当卸荷速度较慢时($\Delta T = 5$ ms),裂纹的快速增加过程出现在卸荷阶段。一方面,当卸荷速度较快时,在卸荷后的一定时间内发生裂纹的快速增长,卸荷破坏将出现明显的滞后现象;另一方面,当卸荷速度较慢时,卸荷破坏的快速增加出现在卸荷过程中。因此,在工程开挖过程中,适当慢速卸荷可以避免在卸荷后一段时间内发生滞后破坏现象。

3.4　本章小结

实际开挖工程中,工作面前方岩体所受的应力变化过程非常复杂。因此,在试验条件下难以完全真实地模拟工程岩体的实际开挖卸荷应力路径。但是,通过室内卸荷试验可以对比描述不同卸荷应力路径下的卸荷响应特征,从而得出卸荷现象的基本规律。另外,结合数值模拟方法,通过对不同卸荷时间点进行卸荷模拟试验,对硬岩在卸荷条件下的破坏强度和破坏形态有了一些初步的认识。主要结论如下:

(1) 对比单轴压缩强度(σ_c)和常规三轴压缩强度(σ_{tc})可以发现,莫尔-库仑强度准则和霍克-布朗准则可以对包括卸荷强度在内的岩石强度特征进行大致拟合。但不同的卸荷路径下卸荷强度随卸荷速度的变化规律不同:应力路径中轴向应力集中较慢时(应力路径分别为 TUL1 和 TUL2),卸荷速度越慢,卸荷强度越大;应力路径中轴向应力集中较快时(应力路径为 TUL3),卸荷速度越慢,卸荷强度越小。另外,在慢速的卸荷条件下,试样呈剪切破坏形态;在快速的卸荷条件下,试样出现劈裂拉伸破坏。

(2) 试样在卸荷过程中的破坏特征受不同卸荷时间点的影响。在相同卸荷速度下,卸荷结束点(t_n)试样的破坏形态为剪切破坏,而卸荷持续点(t_s)试样出现块体剥落,且卸荷后持续点(t_s)的损伤程度远远大于卸荷结束点(t_n)的损伤程度。当卸荷速度较慢时,在卸荷阶段(Ⅰ)出现裂纹的快速增长;当卸荷速度较快时,在卸荷后持续阶段(Ⅱ)出现裂纹的快速增长。

4 高应力硬岩不同卸荷高度下的破坏规律

4.1 引　　言

在测定工程设计所需的岩石力学特性时,通常需要采用规定的岩石试样的尺寸,以获得标准试验条件下的结果。然而,工程结构通常受尺寸的影响,产生不同的变形和破坏特征[124]。众所周知,岩石的力学性能和破坏特性与试样尺寸有关。通过对圆柱形和棱柱形岩石试样的单轴压缩试验和常规三轴压缩试验,许多研究人员对试样尺寸比,即高径比(H/D)或高宽比(H/W)进行了研究,分析了其对岩石的强度和断裂特性的影响。例如,Tuncay 等人[125]就利用高径比在 1.0～4.0 的圆柱形试样进行了单轴压缩试验,发现随着高径比的增大,单轴抗压强度(UCS)增大,但当试样高径比大于 2.5 时,UCS 开始保持不变。Hudson 等人[126]通过单轴压缩试验发现,当试件高径比较小时,峰值后应力-应变曲线较平缓;同时,随着试件高径比的减小,试件的 UCS 呈增大趋势。Tang等人[127]通过单轴压缩数值模拟试验,发现试样的 UCS 随试样高径比的增大而减小,应力-应变曲线的峰值前部不受高径比影响,但峰后的曲线形态则依赖于试样的高径比。Li 等人[128]发现,在单轴压缩条件下,当棱柱形试样的高宽比从 2.5 降低到 0.5 时,岩石破坏模式由剪切破坏转变为劈裂破坏。Wang 等人[129]通过对不同高径比的中空花岗岩试样进行内外组合压缩试验发现,由于强化端部效应,岩石抗压强度随高径比的减小而增大,且试件的破坏形态由剪切向板裂转化。

除此之外,也有学者通过卸荷试验研究了高宽比对卸荷强度、破裂特性以及声发射现象的影响。例如,文献[56]和文献[60]分别对高宽比为 1.0～2.5 的花岗岩试样进行了真三轴突然卸荷试验,讨论了高宽比对破坏过程、卸荷强度以及声发射现象的影响。研究表明,当高宽比减小时,试样卸荷面的动力破坏过程由局部弹射变为全部岩爆,且岩石的卸荷破坏强度随之增大。Li 等人[61]研究了高宽比为 0.5～2.0 的花岗岩试样在真三轴突然卸荷下的破坏模式和强度特征。研究表明,峰值卸荷强度随试样高宽比的减小而增加,同时花岗岩的岩爆程度取决于试样的高宽比。

然而,在卸荷条件下,关于尺寸比的研究都是针对棱柱形花岗岩开展的,而且都是采用真三轴突然卸荷试验,且发生卸荷破坏时应力条件不同。正如 3.2 节所述,不同应力路径和卸荷速度对破坏模式和强度的影响效果不同。因此,在常规三轴慢速卸荷试验下进行关于尺寸比的研究仍有待进行。另外,不同高径比的试样在单轴压缩和常规三轴压缩试验中的破坏特征与在卸荷试验中的破坏特征有何差异,也需要进一步研究。此外,对于开挖工程而言,从 2.4 节的分析中可以发现,巷道开挖尺寸(开挖半径或开挖高度)对开挖后岩体的破裂特征具有重要影响。那么,是否卸荷高度也会影响卸荷过程中的岩体破裂特性? 这一点也值得学者们探讨。因此,本章对相同直径但不同高度的试样进行常规三轴慢速卸荷试验,探究不同卸荷高度对卸荷过程的影响,以期为工程机械开挖提供借鉴指导意义。

4.2　试样准备及试验方案

试验所用硬岩试样取自湖南耒阳某大理岩采石场。不同于岩石力学中广泛采用的标准试样尺寸,为了研究试样高度对载荷响应的影响,按照 ISRM 对试样端面的平行度和垂直度的要求,将大块荒料加工成 4 种不同高度的圆柱形试样,试样直径(D)均为 50 mm,高度(H)分别为 25 mm、50 mm、100 mm 和150 mm,因此产生了高径比分别为 0.5、1.0、2.0 和 3.0 的不同试样(图 4-1)。

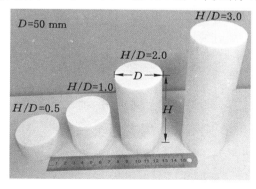

图 4-1　不同高径比试样

根据加载和卸荷应力路径的不同,对 4 种不同高度的试样分别进行了 3 组试验:

（1）第一组：单轴压缩试验（UC）。

（2）第二组：常规三轴压缩试验（TC）。

（3）第三组：常规三轴卸荷试验（TU）。

在常规三轴压缩试验中和常规三轴卸荷试验中，初始围压的大小设置为 40 MPa。具体试验条件及试样分组见表 4-1。为测量试验过程中试样的应变，在将试样移至加载平台之前，将轴向引伸计（MTS 632.90，精确至 ±0.01%）和环向引伸计（MTS 632.92，精确至 ±0.01%）安装在试样中心位置。

表 4-1　大理岩试样分组及试验条件

试样编号	试验类型	σ_3/MPa	H/mm	D/mm	H/D
UC-A	单轴压缩试验	0	25.66	49.72	0.5
UC-B		0	50.48	49.67	1
UC-C		0	100.54	49.64	2
UC-D		0	150.53	49.68	3
TC-A	常规三轴压缩试验	40	25.97	49.74	0.5
TC-B		40	50.91	49.70	1
TC-C		40	100.36	49.63	2
TC-D		40	150.42	49.67	3
TU-A	卸荷试验	40→0	25.56	49.67	0.5
TU-B		40→0	50.54	49.68	1
TU-C		40→0	100.64	49.66	2
TU-D		40→0	150.11	49.70	3

3 组试验过程中对加卸载具体情况如下：

在单轴压缩试验中，以 0.15 mm/min 的速度控制轴向加载平台，直至试样破坏。

在常规三轴压缩试验中，加载平台的轴压加载速度为 0.15 mm/min，围压始终保持 40 MPa，直至试件破坏或记录到大量峰值后轴向应变 >1%。

在常规三轴卸荷试验中，轴压加载速度为 0.15 mm/min，卸荷速度为 0.05 MPa/s，应力路径取 3.2.3 小节中 TUL2 组的应力路径（增轴压卸围压Ⅱ）。

下面通过图 4-2 对常规三轴卸荷试验中的应力变化过程进行详细说明：

（1）以 0.1 MPa/s 的速度控制围压腔中的压力，直至应力达到 40 MPa，如图 4-2 中 OA 线段所示。

（2）保持围压腔中的压力（σ_3）不变，以 0.15 mm/min 的速度控制轴向加载平台,使加载平台上的轴向偏应力($\sigma_1 - \sigma_3$)增加至初始应力状态(点 B),此时,轴向应力(σ_1)约为 195 MPa,该应力是 40 MPa 围压下常规三轴压缩强度的 70%。该阶段的应力路径如图 4-2 中 AB 线段所示。

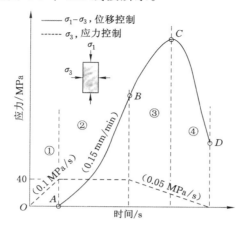

图 4-2　常规三轴卸荷试验中的应力变化过程

（3）以线性方式卸荷,按照 0.05 MPa/s 的卸荷速度卸载围压腔中的压力,同时偏应力($\sigma_1 - \sigma_3$)仍然在以 0.15 mm/min 的速度增加,直至达到峰值应力（C 点）。该阶段的应力路径如图 4-2 中 BC 线段所示。

（4）在达到峰值应力之后,围压(σ_3)继续以 0.05 MPa/s 的速度卸荷,但此时由于试样的破坏,偏应力($\sigma_1 - \sigma_3$)会自发地下降。该阶段的应力路径如图 4-2 中 CD 线段所示。

4.3　不同试样高度下单轴压缩、常规三轴压缩及卸荷试验结果

4.3.1　不同试样高度下单轴压缩和常规三轴压缩试验结果

图 4-3 为不同高径比的试样在单轴压缩试验和常规三轴压缩试验中的应力-应变曲线。研究发现,在单轴压缩试验中,峰值应力随高径比的减小而增大。对于这种现象的解释,众多学者认为是由于岩石试样与加载平台之间存在端部效应引起的[130-131]。如图 4-4 所示,当试样高度较低时,端部效应摩擦更加明显,对试样内部产生了类似围压的约束。另外,在常规三轴压缩试验中,当高径比从 0.5 变化到 2.0 时,峰值应力随高径比的减小而增大,但当试样高径比超过 2.0 时($H/D<2$)不再具有这种趋势,因为试样不再具有端部效应,同时研究人员认为高围压削弱了端部效应的影响程度[132]。

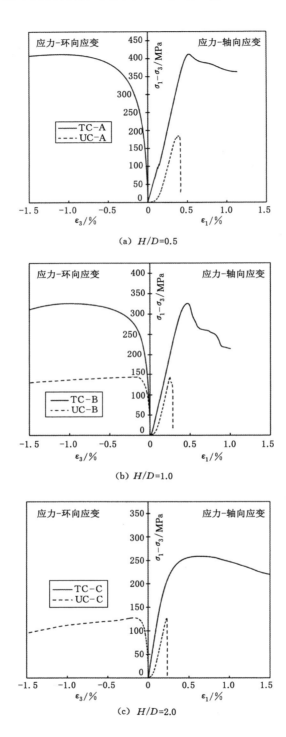

图 4-3　不同高径比试样在单轴压缩和常规三轴压缩试验中的应力-应变曲线

（注：由于环向引伸计没有成功安装，导致 UC-A 和 TC-C 的环向应变缺失）

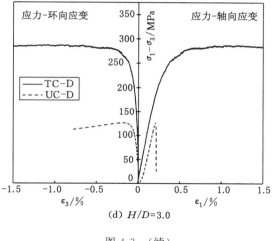

(d) $H/D=3.0$

图 4-3　（续）

由图 4-3 还可以看出，应力-应变曲线在峰前呈现典型的线性增长趋势，表明不同高度下的岩石试样在峰值前均表现出弹性特性。但对于应力-应变曲线的峰后阶段而言，单轴压缩试验中表现出应力的明显跌落，而三轴压缩试验中存在峰后残余强度。这种差异表明，从单轴压缩试验到常规三轴压缩试验，岩石发生了从脆性破坏到延性破坏的转变，而且这种现象在高径比较大的试样中表现得尤为明显。

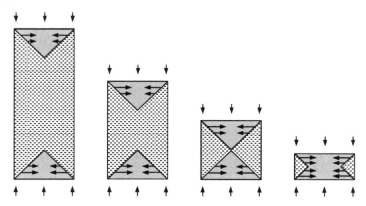

图 4-4　单轴压缩试验中的端部效应对强度的影响作用示意图[131]

图 4-5 为不同高径比的试样在单轴压缩试验和 40 MPa 常规三轴压缩试验下的破坏模式。由图 4-5(a)可以看出，在单轴压缩试验过程中，高径比分别为 0.5 和 1.0 的试样的破坏以大量近似平行于轴向（加载方向）的裂纹为主，这种类型的破坏称为拉伸破坏或轴向劈裂破坏[133-134]。当试样高径比分别为 2.0 和 3.0 时，试件的破坏模式为剪切和拉伸的混合。由图 4-5(b)可以看出，在常规三

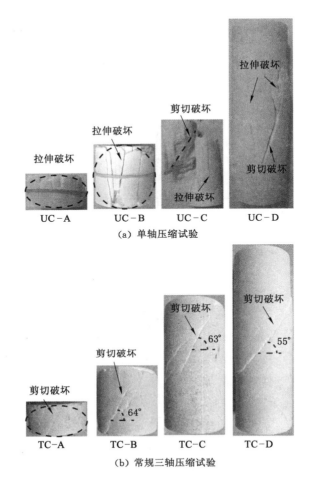

图 4-5　不同高径比试样在单轴压缩和常规三轴压缩试验中的破坏形态

轴压缩试验过程中,不同高度下试样均表现出剪切破坏模式。当高径比为 0.5 时,试样中产生了不同方向的剪切破坏面。当高径比分别为 1.0、2.0、3.0 时,试样产生单一剪切破坏面,且倾角大约分别为 64°、63°、55°。在 4.4.3 小节中,我们将对这些破坏模式进行详细的解释和比较。

4.3.2　不同试样高度下卸荷试验结果

图 4-6 为不同高径比的试样在常规三轴卸荷试验中的应力-应变曲线。点 A 为初始应力状态,点 B 为卸荷开始,点 C 为轴向应力峰值,代表试样的卸荷强度。由图 4-6 可以看出,卸荷强度随着试样高径比的增加而减小。轴向应力-轴向应变曲线在峰前呈线性增长趋势,在峰后阶段表现出应力的明显跌落。高径比越小的试样,其环向应变越大,说明试样出现的膨胀和扩容现象越明显。

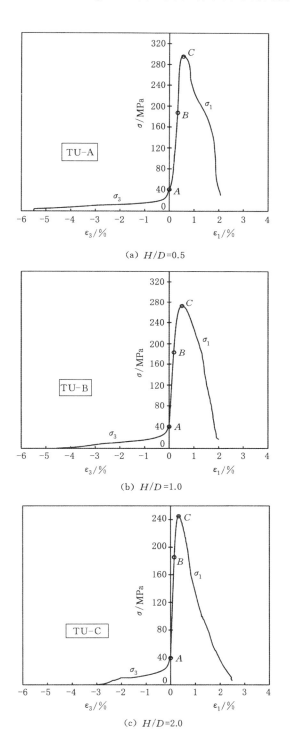

(a) H/D=0.5

(b) H/D=1.0

(c) H/D=2.0

图 4-6 不同高径比试样在常规三轴卸荷试验中的应力-应变曲线

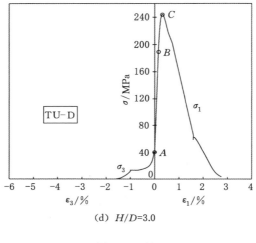

(d) H/D=3.0

图 4-6 （续）

图 4-7 为不同高径比的试件在常规三轴卸荷试验下的破坏模式。当试样较短、高径比为 0.5 和 1.0 时，试样的破坏由垂直于卸荷方向的拉伸裂纹构成。在开挖卸荷条件下，这种类型的岩石破坏也被称为剥落或板裂[126,135]。当试样较高、高径比为 2.0 和 3.0 时，试样破坏为单一的剪切破坏面，剪切破坏面的倾角大约分别为 66°和 61°。不同高度的试样在卸荷条件下的破坏的差异对比以及破坏机制的分析，我们将在本书后文给出。

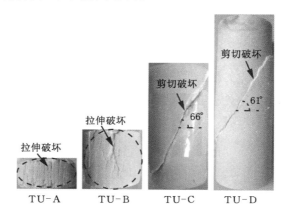

图 4-7　不同高径比试样在常规三轴卸荷试验中的破坏形态

不同高径比试样在单轴压缩试验、常规三轴压缩试验和卸荷试验中的强度和变形特性如表 4-2 所列。其中，σ_{uc}、E_{uc} 和 μ_{uc} 分别为单轴压缩试验中的强度、弹性模量和泊松比；σ_{tc}、E_{tc} 和 μ_{tc} 分别为常规三轴压缩试验中的强度、弹性模量和泊松比；σ_{tu}、E_{tu} 和 μ_{tu} 分别为卸荷试验中的强度、弹性模量和泊松比。结果表明，在高径比为 0.5～3.0 的范围内,试样强度随高径比的变化显著。然而,高径比对变形特性的影响不明显,特别是在单轴压缩和常规三轴压缩条件下,不同高径比的试样的弹性模量和泊松比基本不变,这是由于试件相对完整、均匀,弹性模量、泊松比等弹性变形参数受岩石尺寸的影响较小,且不同高度试样在相同的压缩条件下破坏形式接近。但在常规三轴卸荷条件下,当试样高度较小、高径比为 0.5 和 1.0 时,弹性模量和泊松比较大,这是由于卸荷条件下短试样的破坏模式与长试样的破坏模式存在显著差异引起的。

表 4-2 三组试验中的强度和变形特性参数

高径比	峰值强度/MPa			弹性模量/GPa			泊松比		
	σ_{uc}	σ_{tc}	σ_{tu}	E_{uc}	E_{tc}	E_{tu}	μ_{uc}	μ_{tc}	μ_{tu}
0.5	184.1	452.4	296.2	75.5	83.1	94.2	—	0.21	0.23
1	143.7	366.2	272.8	71.7	80.9	80.1	0.21	0.19	0.20
2	127.9	300.4	245.4	70.2	81.3	71.4	0.21	—	0.19
3	125.6	327.0	244.2	73.4	80.6	68.3	0.19	0.18	0.17

4.4 不同试样高度下卸荷试验结果分析

4.4.1 不同试样高度下硬岩的卸荷强度变化特征

准确地判断岩石的强度特性是岩石工程设计中的重要步骤。因此,了解岩石在不同应力条件下的强度特性是至关重要的。试验结果表明,岩石的强度特性受试样高度的影响明显,在单轴压缩(UC)试验和常规三轴压缩(TC)试验中,破坏强度与试样高度或尺度效应之间的关系得到了广泛的研究。然而,在卸荷试验(TU)中,破坏强度与试样高度之间定量关系的研究还比较少;同时,没有一个统一的准则来描述不同试验条件(UC 试验、TC 试验和 TU 试验)下岩石强度和试样高度之间的关系。因此,为了分析不同试验中岩石强度与试样高度之间的定量关系,利用威布尔统计理论公式进行分析[136]:

$$m\log\frac{\sigma'}{\sigma_0} = \log\frac{V_0}{V} \tag{4-1}$$

式中,V_0 为标准试样的体积;V 为任意试样的体积;σ_0 为标准试样的强度;σ' 为任意试样的强度;m 为常数。

如果试样直径基本相同,根据式(4-1)可知,试样破坏强度可用高度表示为:

$$\sigma_s'/\sigma_{s0} = k\,(H/H_0)^{-1/m} \tag{4-2}$$

式中，H_0 为标准试样的高度；H 为任意试样的高度；σ_{s0} 为标准试样的破坏强度；$\sigma_s{}'$ 为任意试样的破坏强度；k 和 m 均为常数。

当取标准试样高度为 100 mm 时，不同试验条件下试样的破坏强度与卸荷高度之间的关系如图 4-8 所示。可以看出，式（4-2）可以很好地拟合岩石试样的破坏强度和试样高度的关系。另外，对比判定系数（R^2）大小可以发现，式（4-2）更适合描述卸荷破坏强度与试件高度之间的关系。

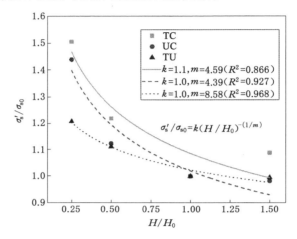

图 4-8　破坏强度与试样高度关系

4.4.2　不同试样高度下硬岩的破坏模式的分析比较

为了对不同高径比的试样在单轴压缩条件（UC）、常规三轴压缩条件（TC）和常规三轴卸荷条件（TU）下的破坏模式进行比较分析，试验结果给出了不同高径比试样的破坏模式和应力状态示意图，如图 4-9 所示。为了理解拉伸劈裂破坏的产生应认识到，尽管岩石试样处于压缩应力场中，但由于试样的膨胀效应（泊松效应），仍然会导致试样中产生局部拉应力[27]，并且轴向应力越大，膨胀效应也越明显。常规三轴压缩（TC）、常规三轴卸荷（TU）和单轴压缩（UC）条件下的破坏模式解释与比较如下：

（1）处于常规三轴压缩条件下的试样，由于围压较高以及膨胀效应受高围压的限制，使得局部拉应力对破坏模式的影响可以忽略不计。因此，试样难以发生拉伸劈裂破坏，而是以剪切形式破坏。

（2）处于常规三轴卸荷条件下的试样，由于围压逐渐减小为零以及膨胀效应受围压限制影响逐渐减小，因此局部拉应力不容忽视。当试样高度较小（高径比为 0.5 和 1.0）时，轴向峰值应力较大，导致膨胀效应更明显，引起的局部拉伸应力较大，试样易于产生劈裂裂纹。此外，由于试样高度小，因此劈裂裂纹更容易贯穿整个试样;当试样高度较大(高径比分别为 2.0 和 3.0)时,其膨胀效应产生的局部拉伸应力较小,不足以在试样内部产生轴向劈裂裂纹。

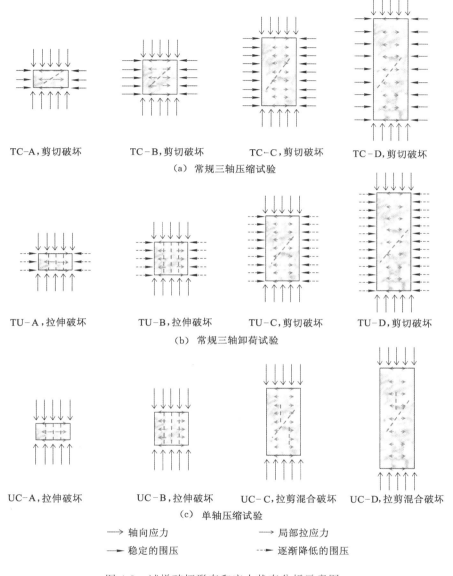

TC-A,剪切破坏　　　TC-B,剪切破坏　　　TC-C,剪切破坏　　　TC-D,剪切破坏

（a）常规三轴压缩试验

TU-A,拉伸破坏　　　TU-B,拉伸破坏　　　TU-C,剪切破坏　　　TU-D,剪切破坏

（b）常规三轴卸荷试验

UC-A,拉伸破坏　　　UC-B,拉伸破坏　　　UC-C,拉剪混合破坏　　　UC-D,拉剪混合破坏

（c）单轴压缩试验

⟶ 轴向应力　　　　⟶ 局部拉应力

⟶ 稳定的围压　　　--→ 逐渐降低的围压

图 4-9　试样破坏形态和应力状态分析示意图

（3）处于单轴压缩条件下的试样,由于围压为 0 以及膨胀效应不受围压限制影响,因此试样受局部拉应力的影响明显。当试样高径比为 0.5 和 1.0 时,同样会由于局部拉伸应力较大和试样高度小,而产生贯穿试样的劈裂裂纹;当试样高径比为 2.0 和 3.0 时,由于没有围压约束,易于产生劈裂裂纹,又因为试样高度大,劈裂裂纹难以穿过试样,同时局部拉伸应力不足以导致整个试样发生拉伸

破坏,因此试样破坏模式仍受剪切破坏控制。

图 4-10 总结了其他文献常规三轴卸荷试验中标准硬岩试样(高径比为 2.0)在围压条件为 40 MPa 下的破坏模式。下面将 4.3.2 小节中的卸荷试验破坏模式与前人研究结果和 3.2.4 小节中的试验结果进行对比分析,发现卸荷破坏的特征如下:

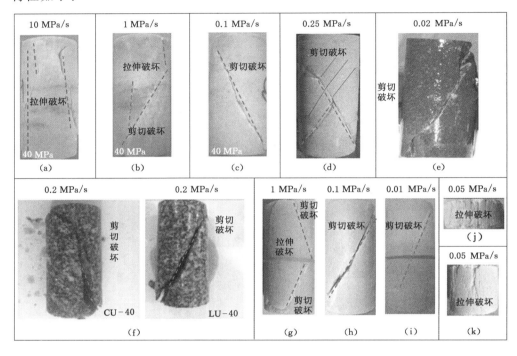

图 4-10 常规三轴卸荷试验中硬岩破坏模式[36,40,46,49]

(1) 当卸荷速度较慢(≤0.25 MPa/s),试样高度较大时(高径比为 2.0),破坏模式为宏观剪切破坏[图 4-10(c)至图 4-10(f),图 4-10(h)至图 4-10(i)],这一现象与本书中 TU-C 所表现的失效模式吻合[见图 4-7(c)]。

(2) 当卸荷速度较快(≥0.25 MPa/s),试样高度较大时(高径比为 2.0),试样出现拉伸破坏[图 4-10(a)和图 4-10(b)]。结合本节的试验结果,我们对这一结论进行了补充:从 TU-A 和 TU-B 的破坏情况来看,当卸荷速度较慢时,若试样高度较小(高径比为 0.5 和 1.0),试样也会发生宏观拉伸破坏。

(3) Zhou 等人[36]对图 4-10(e)中试样的卸荷破坏过程进行计算机断层(CT)扫描,结果表明试样高度较大时(高径比为 2.0),在慢速卸荷条件下的破坏是突然发生的(图 4-11)。本书将通过 4.4.3 小节对不同高度的试样的卸荷过程进行研究,从应变能转化分析的角度对 Zhou 等人[36]的结论进行验证与补充。

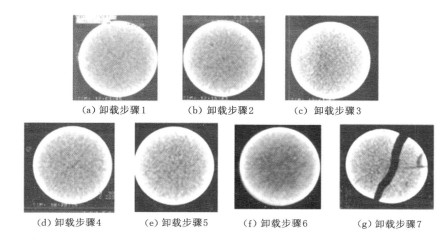

(a) 卸载步骤1　　　(b) 卸载步骤2　　　(c) 卸载步骤3

(d) 卸载步骤4　　　(e) 卸载步骤5　　　(f) 卸载步骤6　　　(g) 卸载步骤7

图 4-11　标准试样在慢速卸荷条件下的突然破坏[36]

4.4.3　不同试样高度下卸荷过程中的应变能转化

由于岩体中能量的释放和转换,在地应力较大的深部开挖和采矿活动中通常会引起岩体的严重破坏和失稳[137]。事实上,岩石的破坏过程是由能量转换驱动的,可以从能量的角度描述岩石的破坏过程[138-139]。对单轴压缩和常规三轴压缩条件下应变能的转换分析已经进行了丰富的研究,但卸荷条件下不同高径比试样的能量演化特征比较欠缺。因此,下面主要就卸荷过程中的应变能转换过程进行研究,以了解不同高度的试样在卸荷条件下的破坏过程和破坏机理。

岩石试样内部应变能的转化过程可以根据应变能计算公式得到[140-142]。一方面,试样应变能在外力的作用下实现累积,试样在初始应力加载阶段吸收一部分应变能;另一方面,在轴向应力和应变的作用下应变能逐渐累积,但这一过程由于径向膨胀或侧向变形的存在,消耗了部分应变能。因此,在外部边界应力条件的作用下,任意时刻 t 的应变能 U^t 可以表示为[143]:

$$U^t = U_0 + U_1^t + U_3^t = U_0 + \int_0^{\varepsilon_1^t} \sigma_1^t \, d\varepsilon_1 + 2\int_0^{\varepsilon_3^t} \sigma_3^t \, d\varepsilon_3 \qquad (4-3)$$

式中,U_0 为初始静应力阶段吸收的应变能;U_1^t 为初始静应力阶段之后的过程中试样轴向应力和变形所累积的应变能;U_3^t 为初始静应力阶段之后的过程中,径向膨胀所消耗的应变能;σ_1^t、ε_1^t 分别为轴向应力和轴向应变;σ_3^t、ε_3^t 分别为环向应力和应变。

U_0 的计算公式为:

$$U_0 = \frac{3(1-2\mu)}{2E}(\sigma_3^0)^2 \qquad (4-4)$$

式中,E 为弹性模量;μ 为泊松比;σ_3^0 为初始围压。

— 63 —

总应变能在试样内部转换包括两部分：一部分以弹性应变能的形式储存在试样中，另一部分由于试样的塑性变形和裂纹扩展而耗散。

应变能在试样内部转换可以表示为：

$$U^t = U_e^t + U_d^t \tag{4-5}$$

式中，U_e^t 为弹性应变能；U_d^t 为耗散应变能。

在准静态卸荷过程中，弹性应变能 U_e^t 的计算可以参照常规三轴压缩过程中 U_e^t 的计算方式[144]，即：

$$U_e^t = \frac{1}{2E_{tu}} \left[(\sigma_1^t)^2 + 2(\sigma_3^t)^2 - 2\mu_{tu}(2\sigma_1^t\sigma_3^t + (\sigma_3^t)^2) \right] \tag{4-6}$$

式中，E_{tu}，μ_{tu} 分别为卸荷试验中试样的弹性模量和泊松比。

因此，耗散应变能 U_d^t 可以通过计算 U_0、U_1^t、U_3^t 和 U_e^t 得到。

根据上述应变能计算公式和卸荷试验中试样的应力-应变曲线，可以得到不同高径比的试样在卸荷试验中应变能随时间的变化情况，如图 4-12 所示。

通过对图 4-12 的分析，卸荷试验中应变能转换的主要特征为以下几点：

(1) 在卸荷点（B 点）之前，试样吸收和消耗的应变能非常小，这表明试样发生的变形小、微裂纹少。因此，变形和破坏主要发生在卸荷过程中，卸荷点前发生的变形和破坏作用可以忽略不计。这一结论说明，所设计的卸荷路径适合用于研究卸荷破坏过程，因为卸荷破坏过程不受应力加载破坏的影响。

(2) 在峰前的卸荷过程中（BC 阶段），弹性应变能 U_e^t 表现出明显的增加，这累积的应变能主要以弹性应变能的形式储存在试样中。对于耗散能 U_d^t，可以发现，当高径比为 0.5 时，耗散能 U_d^t 非常小，甚至有降低的趋势，说明对于高径比为 0.5 的试样而言，直到峰前其的损伤程度都很小，这可能是其卸荷强度极高的原因。然而，当高径比分别为 1.0、2.0 和 3.0 时，耗散能 U_d^t 是缓慢增加的，说明部分应变能被裂纹萌生和扩展所消耗，导致试件出现一定程度的损伤。

(3) 在峰后的卸荷过程中，由于轴向变形增大，试样累积的应变能 U_1^t 显著增加，弹性应变能 U_e^t 显著降低，通过径向膨胀消耗的应变能 U_3^t 以及裂纹扩展消耗的应变能 U_d^t 则快速增加。当试样高径比为 0.5 和 1.0 时，U_3^t 明显比高径比为 2.0 和 3.0 的试样大，说明试样高度越小、发生的径向膨胀越大。另外，当试样高径比为 0.5 和 1.0 时，耗散能 U_d^t 的变化是一个持续增加的过程；当试样高径比为 2.0 和 3.0 时，耗散能 U_d^t 出现突然增加。这种现象说明，当试样高度较小时（高径比为 0.5 和 1.0），卸荷破坏是一个持续的过程；当试样高度较大时（高径比为 2.0 和 3.0），卸荷破坏则是突然发生的。

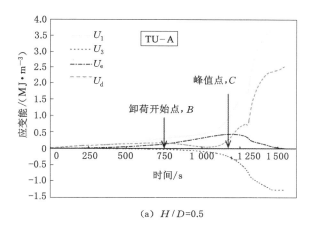

(a) $H/D=0.5$

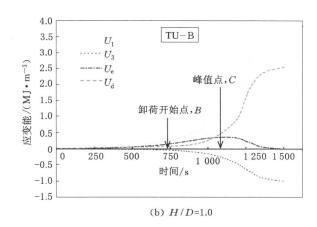

(b) $H/D=1.0$

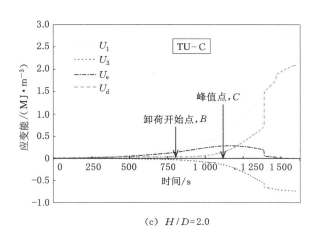

(c) $H/D=2.0$

图 4-12 卸荷试验中不同高径比试样的应变能转换过程

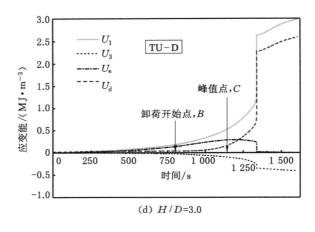

(d) $H/D=3.0$

图 4-12 （续）

4.5 本章小结

对不同高径比（H/D）下的大理岩试样进行了单轴压缩试验、常规三轴压缩试验和常规三轴卸荷试验，根据试验结果对 3 种试验条件下试样高度对峰值强度和破坏模式的影响进行了对比分析，同时从能量演化的角度研究了卸荷高度对卸荷破坏过程的影响。主要得出以下结论：

（1）试样的单轴压缩强度、常规三轴压缩强度和卸荷强度都随试样高度的增加而减小，并且其减小趋势可以用符合威布尔理论的函数来表示。

（2）对不同高径比试样的单轴压缩破坏模式、常规三轴压缩破坏模式和卸荷破坏模式进行了对比分析，围压条件和试样高度是控制破坏模式由拉伸破坏向剪切破坏变化的主要原因。另外，当卸荷高度较小时（$H/D=0.5,1.0$），试样表现为轴向板裂破坏；卸荷高度较大时（$H/D=2.0,3.0$），试样表现为剪切破坏。

（3）通过对卸荷过程中不同高度试样的能量演化分析发现，卸荷高度较小时（$H/D=0.5,1.0$），卸荷过程中的耗散能持续增加，说明卸荷过程中试样发生持续性破坏；卸荷高度较大时（$H/D=2.0,3.0$），卸荷过程中耗散能突然增加，说明卸荷过程中试样发生突发性破坏。

5 高应力裂隙硬岩卸荷条件下的数值模拟

5.1 引　　言

众所周知,工程岩体通常包含不同尺度的不连续结构面,如节理、裂隙、软弱面、断层,甚至人工诱导产生的裂纹网络。这些不连续结构面的扩展、延伸和相互贯通影响了工程岩体的破坏特征,导致工程结构的失稳和破坏。为了分析不连续结构面对工程岩体破坏的影响,许多学者对裂隙引起的裂纹扩展问题进行了研究。

最早,Griffith 于 1921 年便提出了裂隙破坏理论[145],然后于 1924 年将其应用于分析裂隙破坏现象[146]。随后,1957 年 Irwin[147] 通过分析裂隙两端附近的应力和应变对裂隙的破坏性质有了深入的了解。近年来,针对岩体工程中的不连续结构面问题,许多学者利用含有预制裂隙的岩石试样进行了研究,进一步认识了裂纹扩展问题在岩石材料中的表现。例如,Bobe[148] 根据岩石材料单轴压缩实验结果,总结了单裂隙试样中的裂纹扩展,将两种裂纹类型:翼型裂纹和二级裂纹[图 5-1(a)]。Wong 等人[149] 通过研究发现在单轴压缩条件下含双裂隙的岩石类试样,其破坏主要受裂隙间的搭接模式影响,裂隙之间的搭接模式可分为 3 种:拉伸模式、剪切模式和拉剪混合模式[图 5-1(b)]。另外,裂隙试样的破坏模式和破坏强度也受到应力条件的影响,在常规三轴压缩条件下,围压大小不一样,裂隙试样的裂纹扩展特性也不一样[150-152]。通过以上的试验研究,人们对裂隙附近的裂纹扩展和合并过程有了基本的认识,而后来兴起的数值模拟方法则帮助人们从细微观上认识了裂隙附近的裂纹扩展过程和破坏规律。例如,利用位移不连续法(DDM),Vásárhelyi 等人[153] 模拟了单轴压缩条件下裂隙附近裂纹的萌生、扩展和搭接行为,发现模拟结果与试验结果很接近。Mughieda 等人[154] 采用有限元分析(FEM)方法对裂隙模型进行了应力分析,发现翼型裂纹的萌生主要是由拉应力引起的,而二次裂纹主要是剪应力引起的。Tang 等人[155] 采用岩石破坏过程分析模型（RFPA）对含裂隙的脆性岩石进行了不同围压条件下的模拟试验，认为围压条件对裂纹扩展过程具有较大的影响。Wong 等人[156]也利用 RFPA 数值软件研究了含不同裂隙结构的脆性岩石在单轴压缩作用下的劈裂破坏，发现长度较长和距自由边界较近的节理使得裂纹更容易聚集。另外，也有许多学者采用离散元方法（DEM）对裂隙岩石试样进行了破坏过程、破坏应力和破坏模式进行了分析。比如，Zhang 等人[157-158]基于离散元软件 PFC 研究了裂隙岩石的裂纹扩展，证明了数值中出现的裂纹萌生和聚结现象与室内试验结果相似。Bi 等人[159]通过对裂隙岩石试样进行常规三轴压缩模拟试验，揭示了其不同于单轴压缩试样的劈裂破坏，认为常规三轴压缩试样主要以剪切破坏为主。由于关于裂隙试样的研究成果众多，许多学者也从不同侧面对其进行了综述讨论[160-161]。然而，纵观已有文献可以发现，目前对于裂隙试样的室内试样和数值模拟研究大多以单轴压缩应力条件或者常规三轴压缩应力条件背景，很少涉及卸荷应力条件。

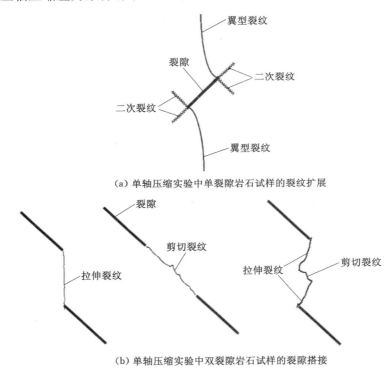

（a）单轴压缩实验中单裂隙岩石试样的裂纹扩展

（b）单轴压缩实验中双裂隙岩石试样的裂隙搭接

图 5-1 单轴压缩试验中裂隙搭接方式[148-149]

众所周知，在开挖卸荷条件下，裂隙对岩体强度和破裂特征以及裂纹扩展特性有很重要的作用。虽然，有学者通过在开挖模型周边添加孔洞或裂隙，对开挖卸荷条件下的裂隙周围裂纹扩展进行了研究[162]。然而，针对不同卸荷速度下裂隙岩石试样在卸荷过程中的裂纹演化和扩展过程的比较分析鲜有报道。因此，不同卸荷速度和不同裂隙倾角对卸荷条件下裂隙试样的裂纹扩展特性值得科研人员进一步深入研究。针对这一问题,本书所采用的研究方法为数值模拟方法,与裂隙试样的室内卸荷试验对比,采用数值模拟方法进行研究主要有以下优势:第一,能排除室内卸荷试验中初始加载阶段对预制裂隙的几何形状造成的干扰;第二,可以对整个卸荷破裂过程进行监测。

　　本章首先建立含不同裂隙倾角的大理岩试样模型,然后采用 FISH 语言程序控制边界应力条件,以实现不同卸荷速度下的卸荷试验;同时,对裂隙试样的卸荷破坏过程、卸荷强度、和裂纹扩展规律等特征进行分析。

5.2　裂隙硬岩数值模型的建立及卸荷模拟应力路径

　　虽然工程实际中裂隙可能以复杂的网络结构出现,但是为了简化模型、便于分析裂隙对卸荷破坏的影响规律,本章中采用双裂隙结构进行研究。以第 3 章已校准的大理岩模型为基础,在模型中心通过删除特定位置的颗粒生成了两条预制裂隙,如图 5-2 所示。裂隙的长度 L_1 设为 10 mm,裂隙间的岩桥长度 L_2 为 14 mm,裂隙的倾角 α 以 30° 为间隔从 0° 到 90° 变化。

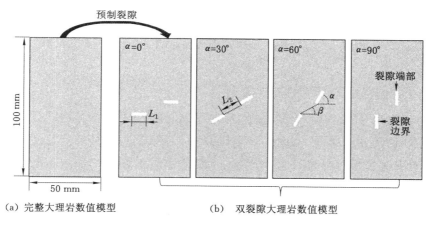

图 5-2　裂隙模型的构建

　　为模拟深部原岩应力条件 $\sigma_1 = \sigma_2 = \sigma_3$ 下的卸荷应力状态,下面采用的卸荷应力路径为"增轴压卸围压I"。通过编写 FISH 程序控制应力边界条件,以实现施加在模型上的轴向和侧向应力。其中,轴向应力(σ_1)以位移控制方式按照 0.05 m/s 的速度增加,侧向应力(σ_3)则通过伺服控制方式按照不同的速度卸荷。侧向应力的卸荷路径如下:

$$\sigma_3 = \begin{cases} p_0, 0 \leqslant t < t_0 \\ p_0\left(1 - \dfrac{t - t_0}{\Delta T}\right), t_0 \leqslant t < t_n \end{cases} \tag{5-1}$$

式中,p_0 为初始原岩地应力;t 为应力变化时间;t_0 卸荷开始的时刻;t_n 为卸荷结束的时刻;ΔT 为卸荷时间。

本章采用的是线性卸荷路径,可通过改变卸荷时间 ΔT 控制不同的卸荷速度,ΔT 越大,卸荷速度越小。选择具有代表性的卸荷时间是关键,为了模拟非爆破开挖卸荷,我们从两个方面进行了考虑。一方面,根据 Li 等人[67]的研究可知,在采用 PFC 进行开挖模拟时,当卸荷时间为 2 ms 和 5 ms 时,卸荷应力波的动态扰动对围岩的影响很小,可以将其视为非爆破卸荷;另一方面,由于 PFC 模拟采用时步计算方式,本模型中如果将 2 ms 换算成时步则约为 10^5 时步,这也说明卸荷时间为 2 ms 时,卸荷过程将不是一个瞬态过程。因此,为了研究不同卸荷速度的影响,卸荷时间 ΔT 分别用 2 ms、3 ms、4 ms、5 ms;为了研究高应力条件下的卸荷,初始地应力 p_0 取 40 MPa。

基于上述的裂隙模型和边界条件,下面对不同卸荷速度下的裂隙硬岩破坏响应进行了数值模拟分析。

5.3 裂隙硬岩卸荷条件下数值模拟结果

5.3.1 裂隙硬岩卸荷条件下的应力变化

图 5-3 为不同裂隙倾角试样在卸荷过程中的应力-时间变化曲线。其中,卸荷时间越长,卸荷速度越慢。由图 5-3 可以看出,在卸荷过程中,卸荷速度越慢,裂隙试样的卸荷强度(σ_{us})越大。这一规律与 3.2 节中同样采用"增轴压卸围压I"应力路径的 TUL1 组完整大理岩的卸荷试验结果吻合。裂隙试样在达到卸荷强度(σ_{us})时,所对应的侧向应力为破坏发生时的围压(σ_{ls})。为了研究不同卸荷速度和裂隙倾角对裂隙试样卸荷强度规律,根据图 5-3 中的应力变化曲线,结合裂隙的应力状态分析,5.4.1 小节将对卸荷强度的变化特征进行详细的说明。

5.3.2 裂隙硬岩卸荷条件下的试样破坏结果

图 5-4 为不同卸荷速度(即不同卸荷时间 ΔT)下裂隙试样的破坏情况。由图 5-4 可以看出,卸荷速度和裂隙倾角都对试样的整体破坏情况产生了影响。一方面,当卸荷速度较大时($\Delta T = 2$ ms,3 ms),试样内部的轴向劈裂裂纹更多,但试样破坏形态基本不受卸荷速度的影响;另一方面,当裂隙倾角较小时($\alpha = 0°$,30°),

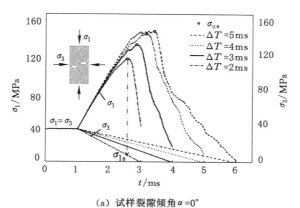

（a）试样裂隙倾角 α=0°

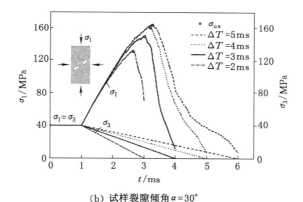

（b）试样裂隙倾角 α=30°

（c）试样裂隙倾角 α=60°

图 5-3 裂隙试样卸荷过程中应力-时间变化曲线

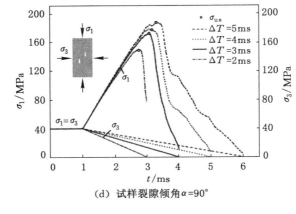

（d）试样裂隙倾角α=90°

图 5-3　（续）

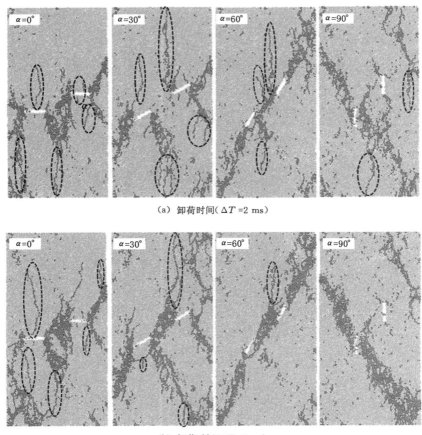

（a）卸荷时间（ΔT=2 ms）

（b）卸荷时间（ΔT=3 ms）

图 5-4　不同卸荷时间下裂隙试样的破坏情况

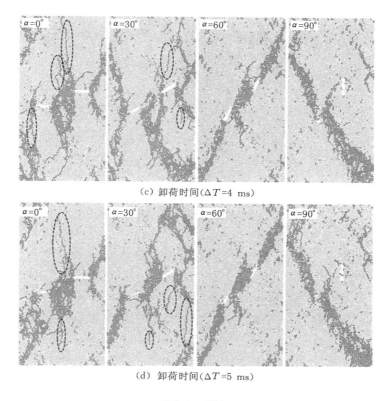

(c) 卸荷时间(ΔT=4 ms)

(d) 卸荷时间(ΔT=5 ms)

图 5-4 （续）

试样内部的轴向劈裂裂纹更多，并且不同裂隙倾角下试样破坏形态完全不一样。根据试样的破坏情况，将在 5.4.2 小节中对裂隙搭接方式和试样整体破坏模式进行总结分析。

5.4　裂隙硬岩的卸荷响应特征分析

5.4.1　裂隙硬岩的卸荷强度变化特征

图 5-5 汇总了不同卸荷时间下裂隙试件的破坏应力，即卸荷强度(σ_{us})和破坏围压(σ_{ls})。由图 5-5 可以看出，在相同的裂隙倾角下，随卸荷速度的减小，即随着卸荷时间 ΔT 的增大，裂隙试样的破坏应力 σ_{us} 和 σ_{ls} 都呈递增趋势，这种关系符合传统的破坏规律，即破坏围压越大对应的破坏强度越大。但在相同的卸荷速度下，特别是当卸荷速度较大时(ΔT=2 ms，3 ms)，裂隙试样的破坏应力 σ_{us} 和破坏围压 σ_{ls} 的关系不再符合传统破坏规律；当破坏围压越大时，对应的破坏强度反而越小。究其原因在于，当卸荷速度较大时，裂隙试样的应力变化受到裂纹扩展特性的影响，不同倾角的试样裂纹起裂和发展规律不同，从而影响了破坏应力。

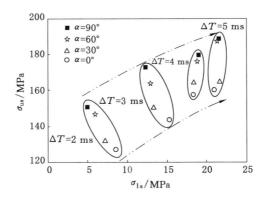

图 5-5　不同卸荷时间下裂隙试样的破坏应力

进一步分析了卸荷速度和裂隙倾角对卸荷强度(σ_{us})的具体影响规律,分别如图 5-6和图 5-7 所示。

图 5-6 为裂隙试样的卸荷强度与卸荷时间关系。可以看出,当裂隙倾角相同时,卸荷速度越慢(卸荷时间越长),裂隙试样的卸荷强度(σ_{us})越大,具体可表示为:

$$\sigma_{us} = a(\Delta T)^b \tag{5-2}$$

式中,a 和 b 分别为系数,$a>0,0<b<1$。

从图 5-6 中判定系数(R^2)的数值可以看出,式(5-2)所列的幂函数可以很好地描述裂隙试样卸荷强度与卸荷时间的关系。

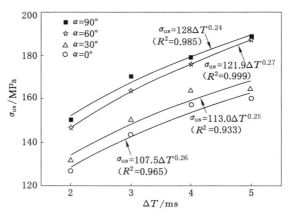

图 5-6　裂隙试样的卸荷强度与卸荷时间关系

图 5-7 为裂隙试样的卸荷强度与裂隙倾角关系。可以看出,当卸荷速度(卸荷时间)相同时,裂隙试样的卸荷强度随裂隙倾角的增加而呈 S 形增长。对这一现象的解释可以从作用在裂隙上的有效应力状态分析得到。如图 5-8(a)所示,

作用在裂隙上的有效应力 σ_n 和 τ_n 受边界应力条件 (σ_1,σ_3) 和裂隙倾角的影响，根据莫尔-库仑强度圆理论，有效应力和主应力之间的关系可以表示为：

$$\begin{cases} \sigma_n = \sigma_1 \cos^2\alpha + \sigma_3 \sin^2\alpha \\ \tau_n = \dfrac{\sigma_1 - \sigma_3}{2}\sin 2\alpha \end{cases} \tag{5-3}$$

式中，α 为裂隙倾角；σ_1，σ_3 分别为轴向应力和侧向应力。

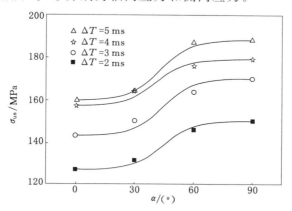

图 5-7 裂隙试样的卸荷强度与裂隙倾角关系

通过将不同的 α（$0°$、$30°$、$60°$ 和 $90°$）以及对应的 σ_1 和 σ_3 变化过程代入式(5-2)中，可以得到作用在裂隙上的有效应力变化过程。以 $\Delta T = 2$ ms 为例，图 5-8(b)表现了不同倾角的裂隙上法向有效应力和切向有效应力的变化过程。由图 5-8(b)可以看出，当裂隙倾角 $\alpha = 0°$ 时，作用在其上的切向有效应力($\tau_{n(0°)}$)为零，但峰值前作用在其上的法向有效应力($\sigma_{n(0°)}$)大于其他裂隙，因此在 $\sigma_{n(0°)}$ 的作用下裂隙周围最容易出现裂纹的起裂和发展，从而致使试样的峰值强度最小；当裂隙倾角 $\alpha = 30°$ 时，峰值前作用在其上的法向有效应力比 $\sigma_{n(0°)}$ 较小，但是远大于倾角为 $\alpha = 60°$ 的裂隙($\sigma_{n(30°)} > \sigma_{n(60°)}$)，同时作用在其上的切向有效应力与倾角为 $\alpha = 60°$ 的裂隙接近($\tau_{n(30°)} \approx \tau_{n(60°)}$)，因此，倾角为 $30°$ 的裂隙周围比倾角为 $60°$ 的裂隙周围更容易产生裂纹，从而致使倾角为 $30°$ 的裂隙试样峰值强度较小；当裂隙倾角 $\alpha = 90°$ 时，作用在其上的切向有效应力($\tau_{n(90°)}$)为零，且峰值前作用在其上的法向有效应力($\sigma_{n(90°)}$)最小而且递减，这说明裂隙周围基本不会发生裂纹聚集，因此裂隙对试样强度的影响很小，裂隙试样的卸荷破坏强度最大，但是其强度一定不会超过完整试样的破坏强度。因此，随着裂隙倾角的增大，裂隙试样的卸荷强度呈 S 形增长。

5.4.2 裂隙硬岩的卸荷破坏形态分析

裂隙试样在卸荷条件下的破坏形态可以从两个方面分析：一方面是试样的

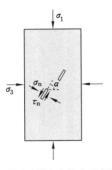

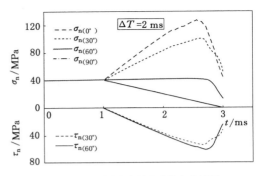

（a）裂隙试样应力状态示意图　　　　（b）裂隙上有效应力的变化过程

图 5-8　裂隙上的有效应力状态分析（$\Delta T = 2$ ms）

整体破坏模式；另一方面是裂隙之间的岩桥搭接方式。

从图 5-4 中的试样破坏情况可以发现，在相同卸荷速度下，不同裂隙倾角的试样的整体破坏模式不一样；但是在相同裂隙倾角下，不同卸荷速度的试样整体破坏模式基本相同。这说明裂隙倾角对试样破坏形态的影响比卸荷速度对试样破坏模式的影响更明显。不同裂隙倾角下试样表现出的破坏模式与 5.4.1 小节中通过裂隙应力分析得到的结果吻合：当裂隙倾角 $\alpha = 0°$ 和 $\alpha = 30°$ 时，试样破坏明显受到裂隙的控制，裂纹主要在裂隙端部和裂隙边界附近分布；当裂隙倾角 $\alpha = 60°$ 时，试样破坏也受到裂隙的控制，裂纹沿裂隙端部发展形成一条倾角 60° 的剪切破坏带；但当裂隙倾角 $\alpha = 90°$ 时，裂纹几乎不受裂隙的控制，试样发生整体剪切破坏，形成一条倾角 120° 的剪切破坏带。

由于对多裂隙试样和工程岩体而言，裂隙之间的搭接贯通会对破坏形态和破坏方式造成严重影响，因此许多学者对单轴压缩和常规压缩条件下裂隙搭接方式进行了分析，并根据试验结果和模拟结果对裂隙搭接方式建立了多种分类法则[151,157,163-164]。其中，最典型的裂隙搭接分类法则如图 5-9 所示，将搭接方式分为无搭接、直接搭接和间接搭接。无搭接即裂隙间不存在裂纹贯通；直接搭接表示搭接中心点位于两条裂隙的中间连接线上；间接搭接表示搭接中心点远离了两条裂隙的中间连接线。

根据图 5-4 中的试样破坏情况，将裂隙试样在卸荷条件下的裂隙搭接形态总结成 3 种（图 5-10）。可以看出，虽然图 5-10 在搭接形态上与图 5-9 所示的形态有所不同，但仍然具有直接搭接、间接搭接和无搭接 3 种特性。根据图 5-4 可知，在不同卸荷速度下，当裂隙倾角 $\alpha = 0°$ 时，裂隙都表现出间接搭接；当裂隙倾角 $\alpha = 60°$ 时，裂隙都表现出直接搭接；当裂隙倾角 $\alpha = 90°$ 时，裂隙之间都无搭接。这说明对 3 种倾角的裂隙而言，卸荷条件下的裂隙搭接方式存在一定规律性，可以根据裂隙倾角预估裂隙在卸荷破坏下的贯通特征。但是,当裂隙倾角$\alpha=30°$时,裂隙之间的搭接受卸荷速度的影响,可以出现 3 种搭接方式中的任意一种。

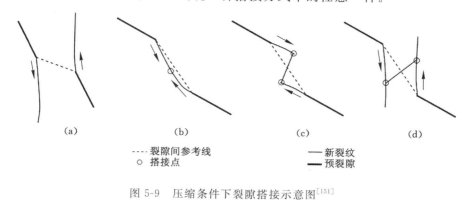

图 5-9　压缩条件下裂隙搭接示意图[151]

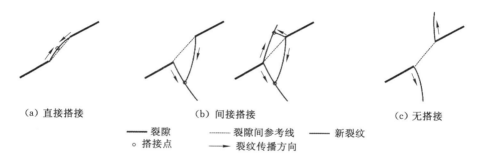

图 5-10　裂隙试样在卸荷条件下的裂隙搭接形态

5.4.3　裂隙硬岩的卸荷破坏过程分析

　　为进一步说明裂隙硬岩的卸荷破坏规律,本节从不同裂隙倾角和不同卸荷时间两个方面对卸荷破坏过程进行分析。一方面,针对 $\Delta T=2$ ms 时,不同倾角下裂隙试样的裂纹扩展过程进行分析;另一方面,针对 $\alpha=0°$ 时,不同卸荷时间下裂隙试样的动能释放过程进行分析。

　　在室内试验过程中,当对试样破坏过程无法进行直接观测时,对裂纹扩展过程的分析通常是基于试验过程中监测的应变或者声发射信号进行的[165-167],可以根据应变或者声发射信号与应力变化的关系找到 3 个应力关键点,即起裂点(σ_{ci})、损伤点(σ_{cd})和峰值点(σ_{pk})。将峰值前的裂纹扩展过程划分为不同的两个阶段:裂纹稳定发展阶段和裂纹不稳定发展阶段。另外,Cai 等人[167]基于声发射结果发现,对于单轴压缩试验中的完整试样而言,σ_{ci} 一般是 σ_{pk} 的 0.4 倍左右,σ_{cd} 一般是 σ_{pk} 的 0.8 倍左右(图 5-11)。对于裂隙试样以及卸荷试验中的试样而言,是否也存在特定的 σ_{ci} 和 σ_{cd} 能将试样峰值前的裂纹扩展过程划分为不同的两个阶段,目前尚不清楚。为此,本书通过裂隙试样的卸荷模拟试验得到的结果,对这一问题进行初步探讨。

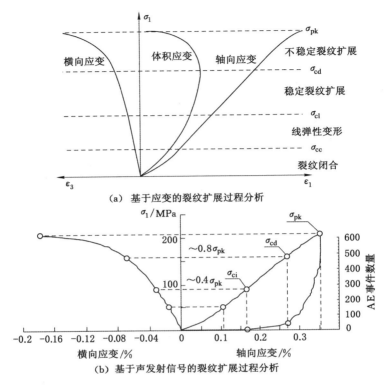

图 5-11 室内试验条件下裂纹扩展过程分析

在数值模拟状态下,由于可直接对试样破坏过程中裂纹的累积进行统计,因此,可以考虑通过建立裂纹数量和应力变化的关系来进行裂纹扩展过程的分析。图 5-12 为 $\Delta T = 2$ ms 时不同倾角下裂隙试样的裂纹数量和应力变化关系。可以看出,在卸荷条件下,不同倾角下裂隙试样的裂纹变化过程有两个明显的转折点,即 A 点和 B 点。在 AB 之间裂纹数量缓慢增加,可视为裂纹稳定发展阶段;在 B 点之后,裂纹数量开始急剧增加,可视为裂纹不稳定发展阶段。因此,A 点对应的应力可视为起裂点(σ_{ci}),B 点对应的应力可视为损伤点(σ_{cd})。σ_{ci}、σ_{cd} 的大小及其与 σ_{pk} 的比值如表 5-1 所示,可以看出,σ_{ci} 是 σ_{pk} 的 0.77 倍左右,远大于完整试样在单轴压缩试样中的比值(0.4),原因是卸荷模拟试验中由于数值模型没有天然裂纹以及初始围压大,导致应力变化中没有裂纹闭合阶段,线弹性变形阶段持续发生,因此 σ_{ci} 值较大。另外,σ_{cd} 是 σ_{pk} 的 0.97 倍左右,说明峰前的裂纹扩展基本属于稳定发展过程,裂纹的不稳定发展发生在峰后。

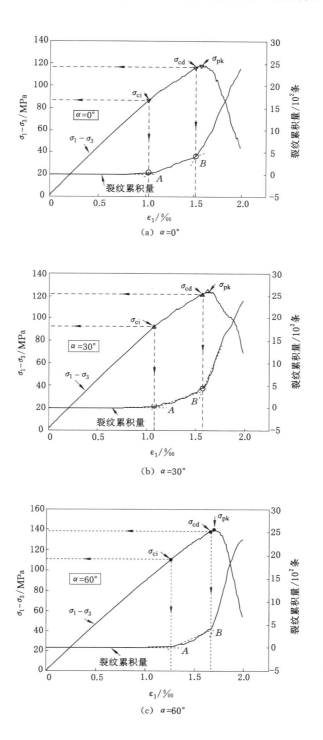

图 5-12　不同倾角下裂隙试样的裂纹数量和应力变化关系($\Delta T = 2$ ms)

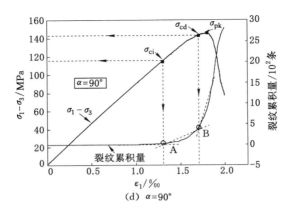

图 5-12　（续）

表 5-1　裂隙试样卸荷过程中的特征应力点（$\Delta T = 2$ ms）

$\sigma/(°)$	σ_{ci}/MPa	σ_{cd}/MPa	σ_{ci}/σ_{pk}	σ_{cd}/σ_{pk}
0	87.1	116.0	0.73	0.96
30	92.3	121.7	0.74	0.97
60	110.8	137.7	0.79	0.98
90	115.7	143.1	0.79	0.96

图 5-13 为 $\Delta T = 2$ ms 时，不同裂隙倾角下裂隙试样在卸荷过程中的裂纹演化过程。从图 5-13 中可以发现，当裂隙倾角为 $\alpha = 0°$ 和 30°时，在峰值应力（第③号图）之前，裂隙试样内部的裂纹主要都集中分布在裂隙周围，如裂隙端部和裂隙边界；当裂隙倾角 $\alpha = 60°$ 和 90°时，在峰值应力（第③号图）之前，裂纹分散在试样中，特别是裂隙倾角为 90°时，裂隙周围出现的裂纹较少。不同裂隙倾角下裂隙试样在峰值应力（第③号图）之后，裂纹的延伸和扩展现象明显。

除了可以通过裂纹扩展过程对破坏过程进行分析外，由于试样破坏的本质是试样中的颗粒获得动能导致颗粒发生相互移动，因此对通过动能的释放过程的分析也可反映试样的破坏过程。为此，针对 $\alpha = 0°$ 时，不同卸荷时间下裂隙试样的动能释放过程进行分析，试样内的颗粒动能可表示为：

$$E_k = \frac{1}{2} \sum_{N_b} (m_i v_i^2 + I_i \omega_i^2) \tag{5-4}$$

式中，N_b 为试样内的颗粒数量；m_i，v_i，I_i，ω_i 分别为颗粒 i 的质量、平移速度、惯性矩、转动速度。

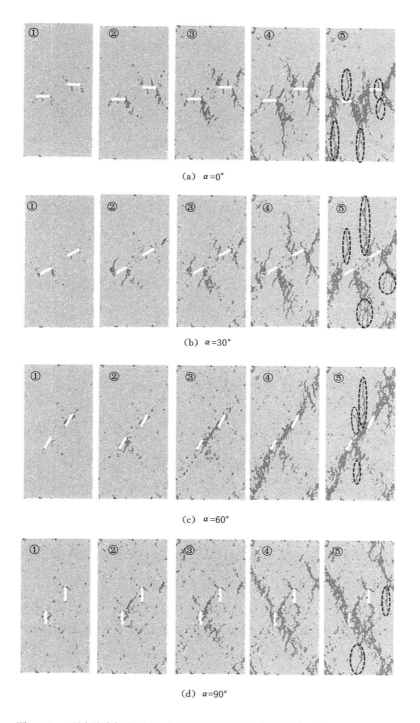

(a) $\alpha = 0°$

(b) $\alpha = 30°$

(c) $\alpha = 60°$

(d) $\alpha = 90°$

图 5-13 不同裂隙倾角的试样在卸荷条件下的裂纹演化过程($\Delta T = 2$ ms)

为了得到动能变化情况,根据式(5-4),在卸荷过程中对试样动能变化情况进行实时监测(图 5-14)。从图 5-14 可以看出,卸荷速度越大(卸荷时间越短)时,动能的峰值越大,而且动能的释放过程越集中,说明试样经历的破坏是一个更剧烈的过程。结合 5.3.2 小节所述,当卸荷速度较大时,试样内部的轴向劈裂裂纹更多,动能的强烈急剧释放验证了这一现象。

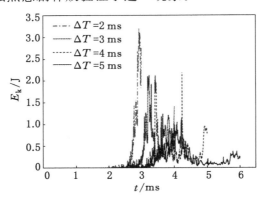

图 5-14　裂隙试样在卸荷条件下的动能演化过程($\alpha=0°$)

5.5　本章小结

本章采用 PFC2D 软件对裂隙硬岩试样在高应力卸荷条件下的破坏特征进行了数值模拟,研究了不同卸荷速度和不同裂隙倾角下处于卸荷应力状态的裂隙试样的破坏响应规律。主要研究结论如下:

(1) 随卸荷速度的减小,裂隙试样的卸荷强度呈幂函数增长;随裂隙倾角的增大,裂隙试样的卸荷强度呈 S 形增长。

(2) 不同裂隙倾角下的试样破坏模式和裂隙搭接方式具有明显的规律特征。例如,当裂隙倾角 $\alpha=0°$ 时,裂隙试样内出现的轴向劈裂裂纹较多,裂隙的搭接方式为间接搭接;当裂隙倾角 $\alpha=30°$ 时,裂隙试样内出现的轴向劈裂裂纹较多,但这种情况下裂隙搭接方式受卸荷速度的影响;当裂隙倾角 $\alpha=60°$ 时,裂纹形成一条 60°的剪切破坏带,裂隙的搭接方式为直接搭接;当裂隙倾角 $\alpha=90°$ 时,裂纹形成一条 120°的剪切破坏带,裂隙间无搭接。

(3) 卸荷过程中裂纹的扩展主要发生在峰后,当裂隙倾角较小时($\alpha=0°$,30°),峰前裂纹的分布集中在裂隙附近,而裂隙倾角较大时($\alpha=60°$,90°),峰前裂纹的分布较为分散。对于同一裂隙倾角的试样,卸荷速度越快,卸荷过程中动能释放过程越剧烈。

在实际工程应用中,岩体通常包含复杂的裂隙网络,裂隙的结构特征也千差万别,基于本章的规律性分析,对工程开挖岩体而言可以得到两方面结论:首先,开挖掘进速度越快,裂隙岩体的破裂更急剧,在开挖卸荷施工中,可以通过控制开挖卸荷速度控制岩体的破坏响应特征;其次,通过对待开挖岩体人工增加合理的预裂隙,这样可以控制岩体在开挖卸荷过程中的破坏形态。

6 开挖卸荷条件下的水力压裂辅助破岩

6.1 引　　言

窄脉矿体是金、银、钨等稀有珍贵矿物的常见矿源,这些矿物通常沉积在花岗岩和片麻岩等坚硬的岩石中,人们在对这类矿物的开挖过程中,往往采用钻爆开挖。当人们钻爆开挖一条狭窄的矿脉时,即使采用最优的设计方案,也会不可避免地发生欠挖或超挖现象,从而引起矿石损失和贫化[168]。另外,爆破过程中释放的大量的冲击波会导致围岩和邻近巷道发生严重的失稳和破坏,对人员安全和地下结构造成重大威胁[169]。因此,矿产企业正在积极探索新的硬岩矿山开挖方法,这其中就包括辅助机械开挖法,即在开挖机器实施破岩掘进前,利用合适的技术和方法对待开挖岩体进行预处理,从而产生人工诱导损伤和裂隙网络,以降低岩体的完整性和强度,方便后续的机械破岩[8]。通常可以考虑采用的岩体预处理技术和方法主要包括:高功率微波[170]、非爆炸膨胀剂[171]、高功率激光器[172]、高压水力压裂[173]以及其他的致裂方法[174]。尽管还没有将这些技术进行广泛的现场应用,但其中一些技术已经证明了其辅助机械开挖的能力[175]。因此,研究这些技术的致裂效果、探索将其应用于硬岩开挖的可行性具有十分重要意义。

本章将重点研究高压水力压裂在开挖条件下的作用效果,采用流固耦合的离散元方法,来模拟深部开挖应力条件下水力压裂的致裂特征,从水力裂纹扩展路径、破坏模式和扩展规律以及多级压裂下的破坏特征方面分析了水力裂纹在开挖条件下的形成规律,以探讨利用水力压裂辅助硬岩机械开挖的可能性。

6.2　水力压裂简介和水力辅助开挖问题分析

水力压裂技术,即将压裂流体以一定的速度和压力注入岩层,在目的岩层产生水力压裂裂纹,形成复杂的裂纹网络。从 20 世纪 80 年代开始,水力压裂技术在油气开采和地热资源开发领域得到了广泛的应用[176-177]。随后,水力压裂技术被引入到矿山开采领域,主要用于提高煤层透气性的煤矿开采[178]和预处理岩体的硬岩崩落开采[179]。水力压裂之所以被广泛应用并取得巨大成功主要是因为通过水力压裂可以在目标岩层中产生复杂裂纹网络(图 6-1),而且压裂作业方式不同,产生的压裂效果不同。因此,了解水力裂纹扩展行为对更好地设计水力压裂作业具有重要意义。

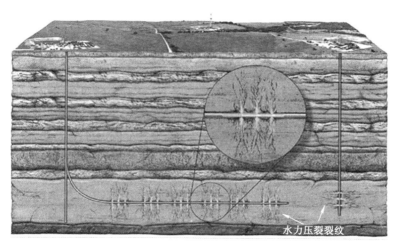

图 6-1　在油气生产井中水力压裂法产生裂纹网络示意图

研究水力裂纹扩展行为的传统方法通常是基于两种模型:KGD 裂纹扩展模型(kristianovic, geertsma and de klerk fracture propagation mode)[180],PKN 裂纹扩展模型(perkins, kern and nordgren fracture propagation model)[181-182]。然而,KGD 模型和 PKN 模型中的裂纹扩展规律的前提假设之一是裂纹始终在大小和方向保持不变的应力场中扩展。但是,工程实际情况下由于受重力、地质结构、工程扰动等因素的影响应力场多处于变化的状态;同时,应力场的变化对水力压裂过程中的裂纹扩展行为起着至关重要的影响[183]。因此,了解变化的、非均匀的应力场中水力压裂的裂纹扩展行为同样重要,而目前为止这方面的研究尚未深入。

在深部硬岩窄脉开采过程中,由于开挖而引起的应力场的变化十分明显,如果考虑利用水力压裂技术对岩体进行预处理来辅助机械开挖,那么不可避免地要考虑开挖引起的应力场变化对水力压裂中裂纹扩展的影响。将水力压裂技术应用在窄脉开挖中的概念图中,如图 6-2(a)所示。水力压裂是在与回采巷道相接的矿体中进行的。随着回采工作面的形成和推进,矿体中会出现非均匀的开挖卸荷应力场,如图 6-2(b)所示。当原岩地应力逐渐向开挖面靠近时,垂直方向的主应力增加,而水平方向的主应力降低。这种变化的非均匀应力场如何控制水力压裂的裂纹扩展以及如何影响水力压裂施工效果,这些则是有效利用水力压裂来辅助机械开挖的关键问题。因此,研究开挖应力条件下水力压裂的裂纹扩展行为具有重要意义。

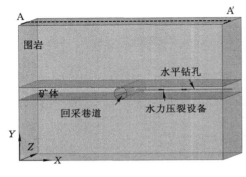

(a) 水力压裂技术辅助开采概念图

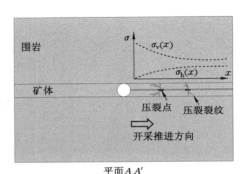

(b) 卸荷应力条件下的水力压裂

图 6-2   水力压裂技术在窄矿脉开采中的应用

然而,通过在开挖工程现场实施水力压裂试验研究裂纹扩展行为显然是不现实的,首先实施水力压裂所涉及的变量多,而且工程条件、应力环境、地质构造等因素会对结果产生交叉影响。因此,为了掌握水力压裂技术在工程应用中的裂纹扩展规律和压裂机理,国内外众多学者采用了多种数值分析方法,如边界元法(BEM)[184]、离散元法(DEM)[185-186]、有限元(FEM)扩展有限元法(XFEM)[187],对水力压裂问题进行了数值模拟分析。通过数值模拟分析,可以直接观测压裂过程中的裂缝扩展和应力分布,这在现场试验和室内试验中很难实现;同时,与现场试验和室内试验相比,数值模拟效率高,重复性好,成本低。因此,本书采用数值模拟对水力压裂裂纹的扩展行为进行了研究,所采用的方法是引入了流体计算的流固耦合离散单元法(flow-coupled-DEM)。

6.3　流固耦合数值模拟方法

本章采用的流固耦合计算方法是在 3.3.1 小节离散元计算方法的基础上增加了流体流动计算,将流体引入离散元模型中,从而形成流固耦合的离散元算法。

流固耦合离散元法的原理如图 6-3 所示,通过假设流体"管道"和流体"流域"来模拟流体流动。

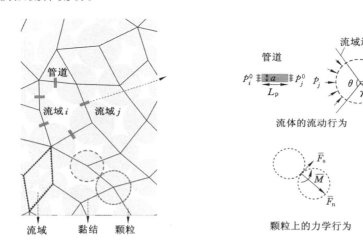

（a）　流体网络中的"管道"和"流域"　　　（b）　流体的流动行为和颗粒上的力学行为

图 6-3　流固耦合离散元模型示意图

"管道"为连接两个"流域"的流体通道,每个"管道"中的流体流动由泊肃叶方程控制,其流速可由下式给出[188]:

$$q = \frac{a^3}{12\mu} \frac{\Delta p}{L_p} \tag{6-1}$$

式中,Δp 为两个流域之间的压力差,$\Delta p = p_i^0 - p_j^0$;μ 为流体的动力黏度;L_p 为管道的长度;a 为管道的宽度。

a 的大小与作用在两个接触颗粒上的法向压力（F_n）大小密切相关[189]:

$$a = \frac{a_0 F_n^0}{F_n + F_n^0} \tag{6-2}$$

式中,a_0 为管道的初始宽度;F_n^0 为当管道宽度减小至初始宽度 1/2 时的法向压力。由于岩石模型的渗透性不能直接给定,因此要通过校准 a_0 的大小来确定岩体模型的渗透率。

如图 6-3 所示,每一个流域将会聚集来自周围所有管道的流体。经历一个计算时步(Δt)后,流域中的流体压力进行一次更新。本书将单个流域在一个时步内的流体压力变化量定义为:

$$\Delta p_r = \frac{K_f}{V_d}\left(\sum q\right)\Delta t \qquad (6-3)$$

式中,K_f 为流体体积模量;$\sum q$ 为周围管道的总流量;V_d 为流域的体积。

考虑到数值模拟在二维状态下进行,而且不考虑天然裂隙的影响,因此模型均质性好,流域的大小变化微弱,故 V_d 的计算方式按照式(6-4)确定:

$$V_d = \frac{S_m - \sum \pi r^2}{N_{domain}} \qquad (6-4)$$

式中,S_m 为模型的整体面积;$\sum \pi r^2$ 为模型中颗粒所占面积;N_{domain} 为模型中生成的流域数量。

得到流域压力的更新后,单个流域内的流体对其周围颗粒边缘施加的力可以表示为[190]:

$$F_j = p_j A_j = p_j r\theta \qquad (6-5)$$

式中,F_j 为流体施加在颗粒上的力;p_j 为该流域内的流体压力;r 为该颗粒的半径;θ 为流域边界在该颗粒中形成的角度;A_j 为形成流域的颗粒面积(二维模型中以长度表示)。

上述的流体方程可将流体的流动和流体的作用力联系起来,因此在流动耦合离散元中,颗粒所受的作用力包括两部分:边界应力条件的变化而产生的颗粒间相互作用力以及流体流动对颗粒施加的作用力。为验证流动耦合离散元模型能否适用于反映高应力岩体在卸荷和水力压裂作用下力学行为和破坏特性,需要对材料参数的合理性进行验证。

6.4　岩体模型的校准与验证

6.4.1　模型的力学参数和水力参数校准

(1)力学参数校准

为了使数值模型表现出与目标岩石材料相对应的宏观性质,需要对数值模型进行标定。在模拟开挖卸荷条件下的水力压裂时,数值模型的力学性能和水力性能同等重要。因此,除了采用单轴压缩模拟试验对岩石材料的常规力学特性进行标定外,还应该通过达西试验对水力性质进行标定。

考虑到本章以窄矿脉硬岩金属矿山的水力辅助开挖为研究背景,因此,目标岩石材料为玲珑金矿深部的花岗岩。将取自玲珑金矿的花岗岩块体加工为 $50\sim100$ mm 的完整岩石试样,并进行常规力学试验,得到该花岗岩的基本力学特性,见表 6-1。

表 6-1　完整花岗岩的基本力学特性

力学特性	数值
密度 $\rho/(\mathrm{kg \cdot m^{-3}})$	2 700
弹性模量 E/GPa	58.8
泊松比 μ	0.24
单轴抗压强度 UCS/MPa	134.0

但是由于开挖条件下的水力压裂问题涉及大体积岩体的开裂和破坏,因此模拟时应采用大体积的岩体力学性能进行标定,而不是完整岩石的力学性质。大体积岩体的力学性质难以直接测得,有学者提出可以根据完整岩石的力学性质和岩石质量指标(RQD)值来估计[191-193]:

$$\begin{cases} E_{\mathrm{m}} = 10^{0.018\,6 \cdot \mathrm{RQD} - 1.91} \cdot E_{\mathrm{i}} \\ \sigma_{\mathrm{cm}} = \sigma_{\mathrm{ci}} (E_{\mathrm{m}}/E_{\mathrm{i}})^{0.3} \end{cases} \tag{6-6}$$

式中,E_{i},E_{m} 分别为完整岩石和大体积岩体的弹性模量;σ_{ci},σ_{cm} 分别为完整岩石和大体积岩体的单轴强度。

蔡美峰等人[194]测得的玲珑金矿深部岩体的 RQD 值约为 70。因此,根据式(6-6)计算得到的玲珑金矿岩体的压缩强度和弹性模量分别为 88.4 MPa 和 14.7 GPa,将计算得到的岩体力学性质用于单轴压缩模拟试验中岩体模型的力学性质标定。在单轴压缩模拟试验中,岩体模型高宽分别设定为 10 m×10 m,通过调整数值模拟输入的微观参数,进行了一系列的单轴压缩试错试验,使得岩体模型的力学性质与目标值接近。表 6-2 列举了数值模拟中输入的微观力学参数,相应的单轴压缩模拟试验结果如图 6-4 所示。由图 6-4 可以看出,利用表 6-2 中的微观参数建立数值模型后,通过单轴压缩模拟试验得到的数值模型基本力学特性(UCS=88.0 MPa,E=14.5 GPa)与式(6-6)计算得到的玲珑金矿岩体力学参数(UCS=88.4 MPa,E=14.7 GPa)非常接近,可以考虑采用这组微观参数进行数值模拟分析。

表 6-2　花岗岩数值模型的微观力学参数

颗粒微观力学参数	数值	平行黏结微观力学参数	数值
颗粒密度 $\rho/(\text{kg} \cdot \text{m}^{-3})$	2 700	平行黏结弹性模量 E_b/GPa	11
最小颗粒半径 R_{min}/mm	45	平行黏结抗拉强度 $\overline{\sigma_c}/\text{MPa}$	54.5±5
颗粒半径比 R_{max}/R_{min}	1.8	平行黏结抗剪强度 $\overline{\tau_c}/\text{MPa}$	82.0±5
颗粒弹性模量 E_p/GPa	11	平行黏结刚度比 $\overline{k_n}/\overline{k_s}$	2.0
颗粒摩擦系数 β	0.6	半径系数 λ	1.0

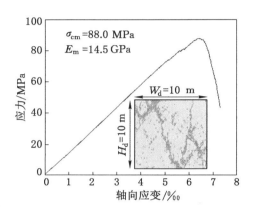

图 6-4　单轴压缩试验模拟结果

（2）水力参数校准

岩石材料的基本水力特性为渗透率，可以通过达西试验得到。为了保证岩体模型能够重现岩石材料的水力性质，通过达西模拟试验对渗透率进行标定。达西模拟试验中数值模型仍然采用表 6-2 中所示的微观力学参数，模型的高、宽均为 10 m。模型的上、下边界设为不透水边界，并且在模型的左侧维持 1 MPa 的流体压力，如图 6-5（a）所示。由于左右两侧压力差的存在，流体在模型中流动。要使得模型达到完全的稳流状态，则左侧的流速要等于右侧流速，即模型内部各处的流速都收敛于同一稳定的流速值。由于数值模型的时步非常小，实现完全稳流状态需要运行过长的时间，因此这里我们只运行到模型的中心处达到稳定流速状态［图 6-5（b）］和稳定的压力状态［图 6-5（c）］。根据达西定律以及得到的稳定流速值，可以得到材料的宏观渗透率为：

$$k = \frac{Q_{steady}\mu W_d}{H_d(p_1 - p_2)} \tag{6-7}$$

式中，μ 为流体的动力黏度，本书采用水作为流体，因此，利用水的黏度进行计算模拟；Q_{steady} 为稳定流速值；W_d，H_d 分别为模型的宽度和高度；p_1，p_2 分别为模型左、右两侧的流体压力。

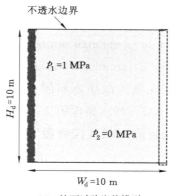

（a） 达西试验岩体模型

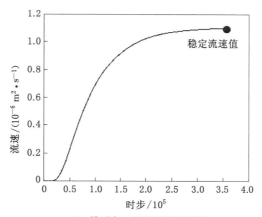

（b） 模型中心处流速的变化过程

• 水力压力

（c） 达西模拟试验结束时的压力分布状态

图 6-5　达西试验的数值模拟

如前所述,通过对 a_0 的值进行校准,才能目标渗透率。考虑到所研究的岩石材料为花岗岩,且当渗透液体为水时实验室得到的完整花岗岩的渗透率一般为 $10^{-21} \sim 10^{-16}$ m$^{3[195]}$,但对于大体积的岩体而言,其渗透率通过比完整岩石的渗透率大$^{[196]}$。由于本书所研究的问题涉及大体积岩体,因此目标渗透率设为 1.0×10^{-15} m^3。通过反复的试错试验,得到一组微观水力参数如表 6-3 所列,使得模型能够达到目标渗透率。

表 6-3　花岗岩数值模型的微观水力参数

微观水力参数	数值
管道初始宽度 a_0/m	0.66×10^{-4}
流体体积模量 K_f/GPa	2.2
流体的动力黏度 μ/(Pa·s)	0.9×10^{-3}

通过试错试验得到了表 6-2 和表 6-3 所列的微观力学参数和微观水力参数,将其输入流固耦合数值模型可使得模型再现目标岩体的基本力学特性和基本水力特性。因此,采用表 6-2 和表 6-3 中所列的微观参数进行进一步的模拟研究。

6.4.2　模型的水力压裂和开挖卸荷模拟验证

在对岩体模型参数进行校准后,为验证流固耦合离散元数值计算方法可以再现水力压裂行为和开挖应力分布特征,通过校准的微观参数建立了数值模型,进行了水力压裂模拟试验和开挖卸荷模拟试验。

(1) 水力压裂行为的验证

在水力压裂模拟试验中,采用的模型尺寸为 10 m×10 m,如图 6-6(a)所示。在模型上施加的边界应力是根据玲珑金矿不同深度地应力的回归方程确定的$^{[197]}$:

$$\begin{cases} \sigma_v = -0.468\,3 + 0.031\,6D \\ \sigma_{h,max} = 0.461\,2 + 0.058\,8D \\ \sigma_{h,min} = -0.434\,6 + 0.025\,6D \end{cases} \tag{6-8}$$

式中,σ_v 为垂直主应力;$\sigma_{h,max}$,$\sigma_{h,min}$ 分别为最大水平主应力和最小水平主应力;D 为距地表的深度。

根据式(6-8)可知,在玲珑金矿 500 m 左右垂直主应力和水平最大主应力分别达到了 15 MPa 和 30 MPa。因此,施加在水里压裂模型上的边界应力分别取 $\sigma_v = 15$ MPa,$\sigma_h = 30$ MPa,并在地应力平衡后将高压水注入模型中心。在水力压裂试验中,高压水的注入方式通常有两种:恒压注入法、恒流量注入法。在本研究中,为了控制注入点的压力,采用了接近岩体强度的恒压注入法,注入压力70 MPa(约为岩体强度的 80%)[198]。此外,水力压裂过程中直接通过在注入点施加注入压力的方式实现,而不需要在模型中产生注入孔,因为所关注的问题是大范围内的水力裂纹传播规律,而不是小范围内注入孔周边应力的影响。

传统的水力压裂理论证明,水力裂缝的扩展一般垂直于最小主应力方向[199],这一结论也得到了广泛的试验验证[200-202]。从图 6-6(b)所示的水力压裂模拟试验结果可以发现,在水力压裂模拟试验中水力裂纹路径沿水平方向传播,即垂直于最小主应力方向。因此,通过数值模拟机械水力压裂时,得到的裂缝的扩展情况与前人研究的预期结果一致,说明在水力压裂模拟中,应力对流体流动的影响得到了恰当的体现。

(a) 水力压裂数值模型 (b) 水力压裂数值结果 (c) 水力压裂试验结果

图 6-6 水力压裂试验的数值模拟

(2) 开挖应力分布的验证

为说明离散元模型可以再现开挖应力状态,利用圆形孔开挖后周围应力分布的理论解来验证。根据经典的基尔希(Kirsch)公式,在无限弹性平面内开挖圆孔后,沿 x 轴的应力变化状态可以表示为[203-204]:

$$\begin{cases} \sigma_\theta{}' = \dfrac{1}{2}(1+\lambda)\sigma_v(1+\dfrac{r_0{}^2}{x^2}) + \dfrac{1}{2}(1-\lambda)\sigma_v(1+3\dfrac{r_0{}^4}{x^4}) \\ \sigma_r{}' = \dfrac{1}{2}(1+\lambda)\sigma_v(1-\dfrac{r_0{}^2}{x^2}) - \dfrac{1}{2}(1-\lambda)\sigma_v(1-4\dfrac{r_0{}^2}{x^2}+3\dfrac{r_0{}^4}{x^4}) \end{cases} \tag{6-9}$$

式中,$\sigma_\theta{}'$,$\sigma_r{}'$ 分别为开挖后径向应力和轴向应力;r_0 为开挖半径;x 为圆心到 x 轴上某一点的距离;σ_v 为垂直地应力;λ 为侧压力系数。

在开挖卸荷模拟试验中,基于校准的微观参数建立了宽度和高度分别为 32 m 和 22 m 的开挖岩体模型,并在模型中布置了 30 个半径为 0.25 m 的测量环,用于监测应力变化过程,建立模型后通过瞬间删除颗粒的方式在模型中央开挖出半径为 1 m 的圆孔开挖(图 6-7)。模型边界上施加的边界应力除了 $\sigma_v =$ 15 MPa、$\sigma_h = 30$ MPa 外,为研究不同应力重分布下对结果的影响,还考虑了 $\sigma_v = 30$ MPa。$\sigma_h = 15$ MPa 以及 $\sigma_v = \sigma_h = 15$ MPa 这两种情况。由于开挖模型的尺寸保证了应力边界与开挖边界之间的最小距离为 10 倍开挖半径,因此边界应力对开挖圆孔周围应力分布的影响可以忽略。另外,虽然是通过瞬间删除颗粒的方式开挖圆孔,但由于模型中设置的阻尼参数高,不会出现卸载波,因此可以模拟无卸载波的机械开挖卸荷问题。

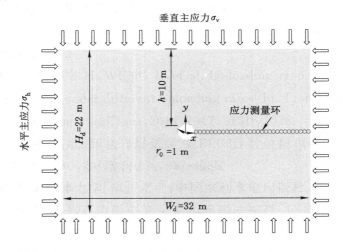

图 6-7　开挖卸荷数值模型

图 6-8 为不同地应力条件下通过式(6-9)得到的应力变化解析解与通过数值模拟得到的应力数值解的对比。由图 6-8 可以看出,数值模拟的应力变化与理论结果基本一致。但值得注意的是,数值模拟中开挖边界处的应力集中小于理论解,这可能是由于测量环的大小和数值模型的非弹性特性造成的。虽然开挖边界处解析解和数值解存在一定差异,但在开挖-压裂模拟中,水力压裂的注入点离开挖边界较远,因此这一差异对压裂结果的合理性影响较小。

通过对水力压裂行为和开挖应力分布的验证,说明所建立的流固耦合离散元模型可以再现水力压裂特征和开挖卸荷的基本特征。因此,基于流固耦合离散元模型,进行了下一步的开挖-水力压裂模拟,以研究开挖引起的应力场变化对水力压裂裂纹扩展的影响。

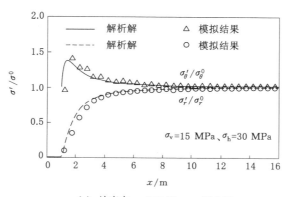

（a）　地应力 $\sigma_v = 15\,\mathrm{MPa}$、$\sigma_h = 30\,\mathrm{MPa}$

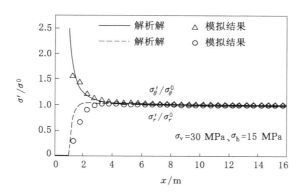

（b）　地应力 $\sigma_v = 30\,\mathrm{MPa}$、$\sigma_h = 15\,\mathrm{MPa}$

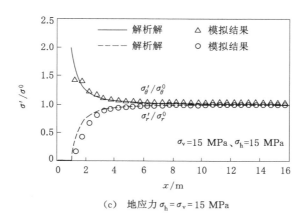

（c）　地应力 $\sigma_h = \sigma_v = 15\,\mathrm{MPa}$

图 6-8　开挖卸荷过程中应力变化的解析解与数值解比较

（注：σ_θ^0 和 σ_r^0 分别为开挖前应力状态；$\sigma_r{}'$ 和 $\sigma_\theta{}'$ 分别为开挖后应力状态）

6.5　开挖卸荷下水力压裂数值模拟试验步骤

以校验好的数值模型为基础,进行开挖-压裂试验模拟,压裂点位于模型的水平中心线上,对不同压裂位置、地应力和多级压裂进行一般参数研究。开挖条件下的水力压裂模拟试验步骤如下:

(1) 基于标定后的微观参数建立了尺寸为 32 m×22 m 的数值模型,并在模型中设置 30 个半径为 0.25 m 的测量圆,用于跟踪开挖-压裂过程中的应力变化。

(2) 在模型边界上施加垂直地应力(σ_v)和水平地应力(σ_h)。

(3) 在地应力作用下运行 10 000 时步,使模型达到地应力稳定状态。

(4) 通过删除模型中一定范围内的颗粒,开挖出半径为 1 m 的圆孔。

(5) 开挖后运行 10 000 时步,重新达到开挖稳定状态。

(6) 在模型的指定位置上实施恒定注水压力为 70 MPa 的水力压裂,并且每个压裂过程的时步设为 7 000。

为了研究开挖条件下的水力压裂特性,分别实施了单级压裂和多级压裂,并且讨论了开挖应力条件下水力压裂裂纹扩展规律和水力裂纹特性。

6.6　开挖卸荷下水力压裂数值模拟结果分析

6.6.1　开挖应力状态对水力裂纹发展路径的影响

开挖工作面前方的某一特定点的开挖应力状态取决于其与开挖中心的距离。如图 6-8 所示,当距离大于约 5 倍开挖半径时,开挖后应力状态与开挖前应力状态基本相同,可以视为非开挖扰动区;当距离小于 5 倍开挖半径时,开挖引起的应力状态变化较大,可以视为开挖扰动区。由于本书主要讨论开挖引起的应力变化对水力压裂裂纹扩展的影响,因此重点在开挖扰动区进行水力压裂。在进行单级水力压裂时,选择了 4 个不同的压裂点分别进行水力压裂,4 个压裂点离开挖中心的距离分别为:$d_1=2.5$ m,$d_2=3.5$ m,$d_3=4.5$ m,$d_4=5.5$ m。此外,为研究地应力场对开挖条件下水力压裂裂纹发展特征的影响,结合不同压裂点进行了 3 种不同地应力条件下的开挖-压裂模拟试验。3 种不同地应力条件为：$\sigma_v = 15$ MPa、$\sigma_h = 30$ MPa，$\sigma_v = 30$ MPa、$\sigma_h = 15$ MPa；$\sigma_v = \sigma_h = 15$ MPa。

图 6-9 为地应力 $\sigma_v = 15$ MPa、$\sigma_h = 30$ MPa 条件下 4 个不同压裂点进行的开挖-压裂模拟的试验结果如图 6-9 所示。从图 6-9 中可以看出，不同的压裂点处产生的水力压裂裂纹路径完全不同。当压裂点离开挖中心的距离为 $d_1 = 2.5$ m 和 $d_2 = 3.5$ m，裂纹路径向左倾斜，倒向开挖边界方向。当压裂点离开挖中心的距离为 $d_3 = 4.5$ m 时，裂纹路径向右倾斜。当压裂点离开挖中心的距离为 $d_4 = 5.5$ m，裂纹路径沿水平方向发展的。裂纹路径的差异很大程度上取决于局部最小主应力的方向，以及局部不连续性引起的一些变化，由于开挖后应力的非均匀分布，使得局部最小主应力的方向发生偏转，因此不同压裂点的裂纹路径差异明显。另外，由图 6-9 还可以看出，压裂点离开挖中心的距离不同还会导致裂纹长度产生差异。当压裂点离开挖中心的距离最小时（即 $d_1 = 2.5$ m），裂纹的扩展长度最大（$l \approx 2.8$ m），这种现象表明当注入距离接近开挖边界时，裂缝扩展更显著。当压裂点离开挖中心的距离为 $d_2 = 3.5$ m 时，裂纹的扩展长度最小（$l \approx 1.1$ m），这是因为在该注入点附近局部最小主应力与局部最大主应力的差值很小，关于局部应力分布的具体分析可见图 6-12。

图 6-10 为地应力 $\sigma_v = 30$ MPa、$\sigma_h = 15$ MPa 条件下 4 个不同压裂点进行的开挖-压裂模拟的试验结果。可以看出，该地应力条件下不同的压裂点处产生的水力压裂裂纹路径基本沿垂直方向发展，这种现象也是因为开挖后局部最小主应力的大小和方向引起的，后文将结合应力分布的解析解给出明确解释和说明。另外，从图 6-10 中可以看出，在该地应力条件下，压裂点离开挖中心的距离越小，裂纹扩展长度越大，同样表明当注入距离接近开挖边界时，裂缝扩展更显著。

图 6-11 为地应力 $\sigma_v = \sigma_h = 15$ MPa 条件下 4 个不同压裂点进行的开挖-压裂模拟的试验结果。可以看出，当压裂点离开挖中心的距离为 $d_1 = 2.5$ m 和 $d_2 = 3.5$ m 时，水力裂纹向开挖边界倾斜。当压裂点离开挖中心的距离为 $d_3 = 4.5$ m 和 $d_4 = 5.5$ m 时，水力压裂过程中没有产生裂纹，并且水力压力的扩展也没有方向性，这一现象正如在各向同性二维均匀应力场进行水力压裂那样，难以产生单一路径和特定方向的裂纹。

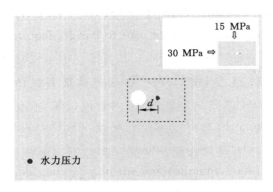

（a）开挖-压裂数值模型

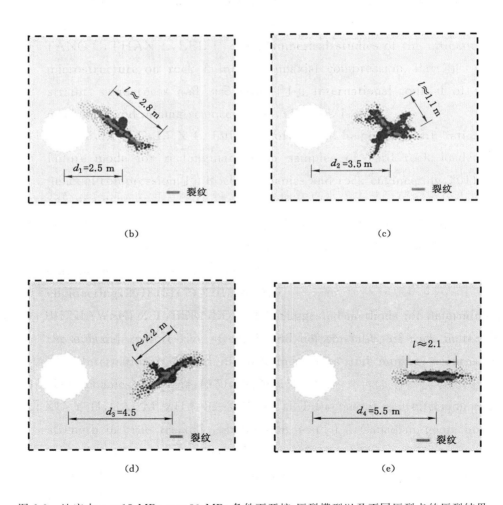

（b）   （c）

（d）   （e）

图 6-9　地应力 $\sigma_v=15$ MPa、$\sigma_h=30$ MPa 条件下开挖-压裂模型以及不同压裂点的压裂结果

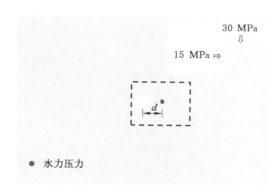

（a）开挖−压裂数值模型

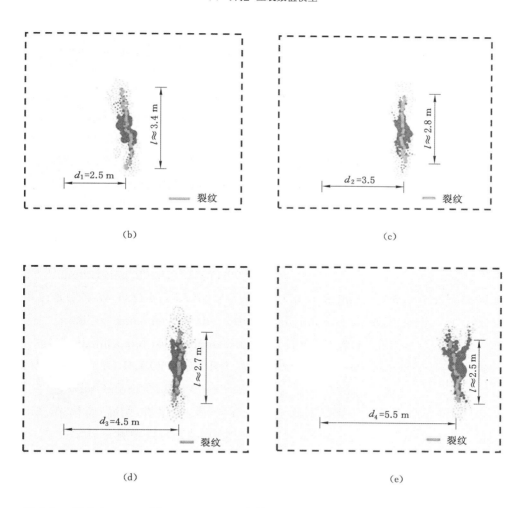

图 6-10 地应力 $\sigma_v = 30$ MPa、$\sigma_h = 15$ MPa 条件下开挖-压裂模型以及不同压裂点的压裂结果

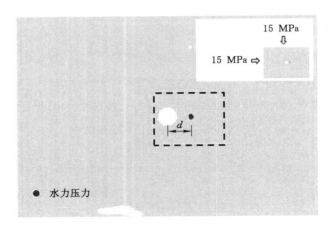

（a）开挖-压裂数值模型

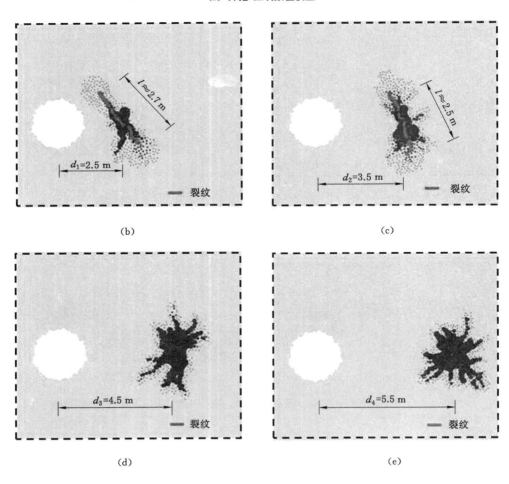

图 6-11　地应力 $\sigma_h = \sigma_v = 15$ MPa 条件下开挖-压裂数值模型以及不同压裂点的压裂结果

根据一定的地应力条件和开挖半径,由式(6-9)可以得到开挖应力分布的弹性解析解,同时结合开挖-压裂模拟中的代表性水力裂纹路径(如图 6-9、图 6-10 和图 6-11 中的 $d_1 = 2.5$ m 和 $d_4 = 5.5$ m),可对开挖卸荷条件下的水力压裂裂纹路径进行分析,如图 6-12 所示。

从图 6-12(a)可以看出,在地应力 $\sigma_v = 15$ MPa、$\sigma_h = 30$ MPa 条件下,当压裂点离开挖中心的距离为 $d_1 = 2.5$ m 时,压裂点左右两侧局部最小主应力(σ_{min})的大小和方向都发生变化。在压裂点右侧,σ_{min} 的大小基本不变,所以裂纹的发展方向与 σ_{min} 的方向垂直;在压裂点左侧,水力裂纹不再垂直于 σ_{min} 的方向,这是因为当靠近开挖边界时,σ_{min} 的大小急剧降低,从而使得水力裂纹向开挖边界方向倾斜。另外,当压裂点离开挖中心的距离为 $d_4 = 5.5$ m 时,压裂点周围的局部最小主应力(σ_{min})大小基本不变,裂纹沿水平方向发展,与 σ_{min} 的方向垂直。

从 6-12(b)可以看出,在地应力 $\sigma_v = 30$ MPa、$\sigma_h = 15$ MPa 条件下,当压裂点离开挖中心的距离为 $d_1 = 2.5$ m 和 $d_4 = 5.5$ m 时,压裂点附近的局部最小主应力(σ_{min})大小都基本不变,所以 σ_{min} 大小对裂纹发展路径没有影响,且 d_1 和 d_4 两种情况下 σ_{min} 的方向都是沿径向的,裂纹基本沿垂直方向发展。另外,由于 d_4 附近的局部最大主应力与局部最小主应力之间的局部主应力差比 d_1 附近的局部主应力差更小,所以 d_4 处裂纹的发展受到限制,d_4 处的裂纹扩展长度小于 d_1 处的裂纹扩展长度。

从图 6-12(c)可以看出,在地应力 $\sigma_h = \sigma_v = 15$ MPa 条件下,当压裂点离开挖中心的距离为 $d_1 = 2.5$ m 时,虽然 σ_{min} 的方向沿径向的,但由于 σ_{min} 的大小在靠近开挖边界时急剧降低,从而使得裂纹向开挖边界方向倾斜,而不是垂直于径向的方向发展。另外,当压裂点离开挖中心的距离为 $d_4 = 5.5$ m 时,由于压裂点附近的局部主应力差几乎为零,d_4 处裂纹的发展受到限制,所以 d_4 处没有产生裂纹。

以上分析表明,由开挖而引起的局部主应力的大小和方向的变化对裂纹路径的发展有重要影响。主要研究结论如下:

(1) 当局部最小主应力(σ_{min})的大小在压裂点附近保持不变时,水力裂纹的方向与 σ_{min} 的方向垂直[图 6-12(a)中 d_4、图 6-12(b)中 d_1 和 d_4]。

(2) 水力压裂的裂纹路径倾向于向 σ_{min} 较小的区域扩展倾斜(如图 6-12(a)中 d_1、图 6-12(c)中 d_1)。

(3) 较小的局部主应力差将限制水力裂纹的发展[图 6-12(b)中 d_4、图 6-12(c)中 d_4]。

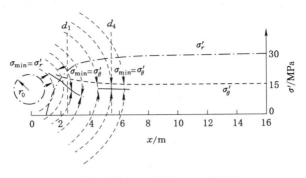

（a）地应力 $\sigma_v=15\,\mathrm{MPa}$、$\sigma_h=30\,\mathrm{MPa}$

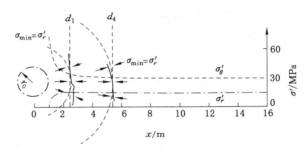

（b）地应力 $\sigma_v=30\,\mathrm{MPa}$、$\sigma_h=15\,\mathrm{MPa}$

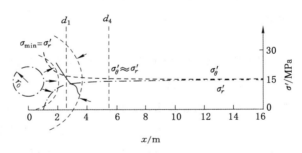

（c）地应力 $\sigma_h=\sigma_v=15\,\mathrm{MPa}$

图例：⊙ 圆形开挖，$r_0=1\,\mathrm{m}$；　➤ 局部最小主应力（$\sigma_{\min}$）方向；
······ 切向应力解析解（σ_θ'）；－·－ 径向应力解析解（σ_r'）；
—— 开挖-压裂过程中的水力压裂纹路径。

图 6-12　开挖应力状态的解析解及开挖-压裂模拟中代表性裂纹路径

6.6.2　开挖卸荷下水力裂纹的破坏模式及扩展规律

在离散元模型（天然岩体）中，裂纹的发展和传播是由于固体颗粒（矿物颗粒）之间的相互运动造成的。因此，基于离散元中位移应力场的颗粒相对运动分析,为更好地理解裂纹特性提供帮助。

根据运动学和断裂力学原理,Liu 等人[205]总结出了 12 种位移场模式和 3 种破坏类型[图 6-13(a)]。其中,T 形和 S 形分别表示裂纹是在拉伸作用和剪切作用下产生的,M 形则表示裂纹是拉伸破坏和剪切破坏的混合作用下产生的。基于这些位移场模式和破坏类型,对开挖-压裂模拟中的裂纹破坏模式进行了分析。图 6-13(b)至图 6-13(e)为地应力 $\sigma_v = 15$ MPa、$\sigma_h = 30$ MPa 条件下对不同压裂点进行开挖-压裂模拟时水力压裂裂纹周围的位移场。图中位移矢量用浅色箭头线表示,箭头线长度按位移大小缩放,深色箭头线表示裂纹附近位移矢量的一般情况。通过对位移场的分析可以发现,水力压裂裂纹主要是在拉伸作用下产生的,这一结论与 Hubbert 等人[199]的理论研究相吻合,即水力压裂裂纹主要是拉伸裂纹而不是剪切裂纹。

水力压裂过程中所产生的裂纹会改变它周围的应力场,为了阐明裂纹自身引起的局部应力变化如何影响裂纹的扩展,对地应力 $\sigma_v = 15$ MPa、$\sigma_h = 30$ MPa 条件下开挖-压裂模拟中水力裂纹周围的接触力进行了分析(图 6-14)。图 6-14 中深灰色线表示压缩接触力,线的宽度代表压缩力的大小。根据断裂机理,颗粒间压缩接触力越大,越难以克服颗粒接触力而产生裂纹。从图 6-14 可以看出,裂纹两侧区域内的压缩接触力较大,应力场在裂纹的两侧变得更加压缩,从而抑制了裂纹分支的产生。相反,裂纹尖端处的压缩接触力较小,说明裂纹易沿尖端扩展。因此,在水力压裂过程中裂纹两侧不太可能产生裂纹分支,水力裂纹的扩展主要是裂纹沿尖端延伸的结果。

6.6.3 开挖卸荷下多级水力压裂的破坏特征

为了研究开挖卸荷条件下多级力压裂的破坏特征,采用流固耦合 DEM 开展了进一步的数值模拟。图 6-15(a)为开挖条件下多级压裂模型,分为 3 个压裂阶段对不同压裂点依次进行压裂。3 个压裂点的位置与 6.6.1 节中单级压裂相同,即 $d_4 = 5.5$ m、$d_3 = 4.5$ m 和 $d_2 = 3.5$ m,每个压裂阶段中注水压力都为 70 MPa,循环时步都为 7 000。

图 6-15(b)为地应力 $\sigma_v = 15$ MPa、$\sigma_h = 30$ MPa 条件下多级水力压裂结果。可以看出,裂纹的延伸主要是水平方向,这是因为在第一阶段压裂中诱发的水平裂纹改变了局部应力状态,使下一阶段更有可能沿水平裂纹的尖端扩展。这说明在此条件下,多级压裂对裂纹的扩展方向有一定的影响。在第三阶段,由于开挖应力状态的影响,裂纹除了在水平方向延伸外,还会产生部分裂纹分支向开挖边界弯曲。

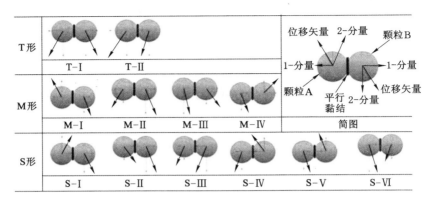

(a) 位移场模式和破坏类型说明[206]

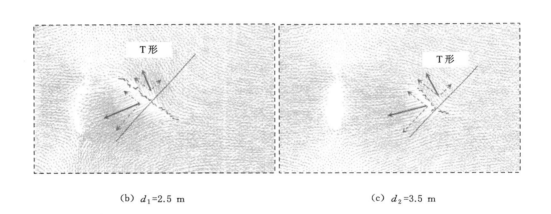

(b) d_1=2.5 m　　　　　　　　　　(c) d_2=3.5 m

(d) d_3=4.5 m　　　　　　　　　　(e) d_4=5.5 m

图 6-13　地应力 σ_v＝15 MPa、σ_h＝30 MPa 条件下水力裂纹周围位移矢量场分析

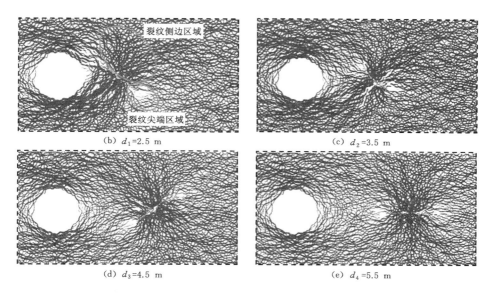

图 6-14   地应力 $\sigma_v = 15$ MPa、$\sigma_h = 30$ MPa 条件下水力裂纹周围接触力分布情况

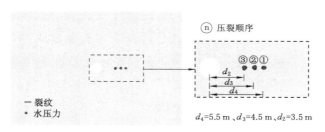

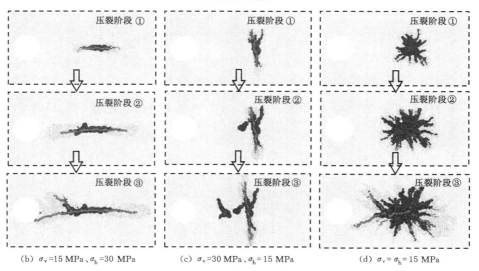

图 6-15   多级水力压裂模型以及不同地应力条件下开挖-多级压裂模拟结果

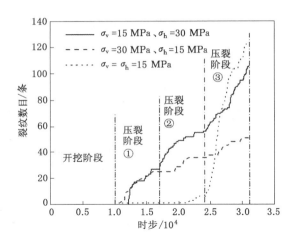

图 6-16　开挖应力条件下多级压裂过程中裂纹数量的变化

图 6-15(c)为地应力 $\sigma_v = 30$ MPa、$\sigma_h = 15$ MPa 条件下多级水力压裂结果。研究结果表明,第一个压裂点附近有裂纹的明显扩展,而第二个和第三个压裂点附近没有裂纹扩展。产生这一现象的原因是,第一个压裂点附近所产生的裂纹致使其两侧的应力场变得更加压缩,这往往会抑制在现有裂纹两侧产生新的裂纹,如 6.6.2 小节所述。在多级压裂过程中,这种现象也被称为"应力阴影"效应——相邻裂纹引起的压应力场增大,阻碍了后续裂纹的扩展。这说明,在此地应力条件下,多级压裂中裂纹的扩展受到了抑制。

图 6-15(d)为地应力 $\sigma_v = \sigma_h = 15$ MPa 条件下多级水力压裂结果。可以看出,第一压裂点和第二压裂点附近的裂纹形成于第三压裂阶段。这一现象证实了水力裂纹的萌生和扩展可以发生在其实际压裂期之后。另外,从最后的裂纹扩展结果来看,多级压裂的裂纹路径比相应的单级压裂的裂纹路径更为复杂,这说明在此地应力条件下,多级压裂会使裂纹网络复杂化。

根据上述分析可以看出,不同开挖应力条件下多级压裂的性能差异较大,多级压裂可以控制裂纹发展方向,或者抑制裂纹扩展,或者产生复杂的裂纹形状。

图 6-16 为不同地应力条件下多级压裂过程中微裂纹数量随时步的变化情况。研究结果表明,当地应力条件为 $\sigma_v = 15$ MPa、$\sigma_h = 30$ MPa 时,3 个压裂阶段均有裂缝出现,且后期压裂中微裂纹数量的增加较大。结合图 6-15(b)的裂纹路径可以看出,这种条件下裂纹的扩展速度在多级压裂过程中逐渐加快。当地应力条件为 $\sigma_v = 30$ MPa、$\sigma_h = 15$ MPa 时,微裂纹数量的增长较为平缓,说明这种条件下的多级压裂过程中裂纹扩展速度缓慢。当地应力条件为 $\sigma_v = \sigma_h = 15$ MPa 时,微裂纹数量在第三阶段有显著的增加;此外,这种条件下的总裂纹

数要大于另外两种条件,说明该条件下的多级压裂方式更利于产生裂纹。

6.6.4 开挖卸荷下水力压裂研究的工程意义讨论

开挖机械的性能预测模型表明,开挖岩体中不连续结构(节理、断层、裂纹等)的出现可以显著提高机械挖掘机的性能。因此,水力压裂能否有效地辅助机械开挖,将取决于在水力压裂对岩体进行预处理过程中能否生成足够的裂纹网络。本书的开挖-压裂模拟结果表明,在开挖应力条件下,通过了解开挖应力变化情况,并根据初始地应力条件选择合适的水力压裂方法,可以优化裂缝发育。例如,在均匀的初始地应力条件下($\sigma_v = \sigma_h = 15$ MPa),与单级水力压裂相比,多级水力压裂容易产生较复杂的裂纹网络,因此采用多级压裂更有利于辅助机械开挖;在非均匀的初始地应力条件下($\sigma_v = 15$ MPa、$\sigma_h = 30$ MPa 和 $\sigma_v = 30$ MPa、$\sigma_h = 15$ MPa),由于多级压裂会导致裂纹路径具有较强的方向性,甚至抑制裂纹的扩展,因此在开挖过程中采用单级水力压裂的方法更为合适。另外,当采用单级水力压裂时,压裂点的位置应靠近开挖工作面,这样才能获得良好的裂纹扩展效果。

尽管水力压裂是一项完善的技术,并且已被证明可以有效地在岩体中产生裂纹网络。值得注意的是,在地下开采过程中使用水力压裂对于采矿安全来说既有优点,也有缺点。一方面,在机械开挖前向待开挖岩体中注入高压水可以形成软化带,从而降低开挖过程中的岩爆风险,有利于开挖作业的安全;另一方面,围岩中含水量的增加容易导致围岩发生过早破坏,不利于开挖作业的安全。因此,除了考虑的水力压裂辅助机械开挖的有效性之外,在工程应用中还必须考虑的开挖安全问题。这意味着对注水量的选择应慎重考虑,以期既能达到理想的岩体预处理效果,又不会因注入过量对围岩产生不利影响。

6.7 本章小结

本章基于 PFC 软件采用流固耦合计算方法对深部开挖卸荷条件下水力压裂的破坏特征进行了数值模拟,研究了开挖应力状态下水力压裂效果,分析了水力裂纹的破坏模式及扩展规律,并对不同开挖地应力条件下的多级水力压裂的破坏特征进行了研究。主要得出以下研究结论:

(1) 在开挖压裂条件下,当 σ_{min} 的大小在注入点附近保持不变时,水力裂纹的方向与 σ_{min} 的方向垂直;水力裂纹倾向于向 σ_{min} 较小的区域扩展;局部最大主应力与最小主应力之间的应力差越小,水力裂纹的发展越困难。

（2）在开挖压裂条件下,水力裂纹以拉伸破坏为主。水力裂纹易沿裂纹尖端扩展,但由于水力裂缝本身引起的应力变化,限制了裂纹分支的发育。

（3）不同开挖地应力条件下的多级压裂过程中裂纹的扩展效果不同。在地应力 $\sigma_v = 15$ MPa、$\sigma_h = 30$ MPa 条件下,水力裂纹主要在水平方向延伸;在地应力 $\sigma_v = 30$ MPa、$\sigma_h = 15$ MPa 条件下,第一个注入点附近裂纹扩展明显,而第二个和第三个注入点中裂纹的扩展受到了抑制;在地应力 $\sigma_v = \sigma_h = 15$ MPa 条件下,多级压裂会使裂纹的几何形状复杂化。

在硬岩开采中,如果考虑采用高压水力压裂技术对岩体进行预处理,产生裂纹网络以辅助机械开挖,那么可以根据地应力的大小,选择合适的水力压裂方法,以优化水力裂纹的扩展效果。当地应力条件为 $\sigma_v = \sigma_h = 15$ MPa 时,采用多级水力压裂方法更容易产生复杂的裂纹网络,有利于下一步的机械开挖;当地应力条件为 $\sigma_v = 15$ MPa、$\sigma_h = 30$ MPa 和 $\sigma_v = 30$ MPa、$\sigma_h = 15$ MPa 时,由于多阶段水力压裂对裂纹路径具有定向作用和约束作用,因此采用边开挖边压裂的单级水力压裂更为合适。在这两种情况下,单级压裂中注入点离开挖中心的距离应较小,这样才能获得良好的裂纹扩展。

本书中开挖-压裂数值模拟的不足之处在于所建立的岩体模型是一个完整的整体,并没有考虑天然缺陷（节理、裂隙等）的影响。然而,在实际开挖工程应用中,工程岩体中通常含有许多天然的结构面,且结构面的方向、长度、性质等十分复杂,分布也具有随机性。因此,为了进一步了解在硬岩开采中使用水力压裂辅助机械开挖的效果,在今后的研究中应注重考虑天然结构面的影响。

7 结论与展望

7.1 主要研究结论

本书围绕高应力岩体在机械开挖卸荷条件下的破坏特征及响应机理等方面,采用理论分析、室内试验、数值模拟分析等方法展开较为详细的研究。主要得出了如下结论:

(1)通过对机械开挖过程中深部硬岩的力学问题进行了分析,发现可用开挖卸荷后的应力分布状态来反映开挖过程中待开挖岩体所经历的应力变化过程。依据莫尔-库仑强度准则分别对巷道周边围岩和待开挖岩体中的应力分布规律进行了讨论,发现在开挖卸荷问题所关注的塑性破坏区内,应力分布规律主要受岩石性质和开挖尺寸的控制;同时,开挖尺寸越小开挖引起的应力集中系数越大。

(2)通过对大理岩进行常规三轴卸荷试验,研究了不同卸荷应力路径下的强度特征和破坏模式。结果表明,卸荷速度对卸荷强度的影响规律受卸荷应力路径的控制:当应力路径为 TUL1 和 TUL2 时,卸荷速度越慢,卸荷强度越大;当应力路径为 TUL3 时,卸荷强度随卸荷速度的降低而减小。同时,当卸荷速度较慢时,试样呈剪切破坏形态;当卸荷速度较快时,试样中出现劈裂拉伸破坏。

另外,对大理岩试样在卸荷过程中不同时间节点的卸荷破坏特征进行了数值模分析。研究表明,相同卸荷速度下,试样在卸荷结束点,试样的破坏形态为剪切破坏;而在卸荷后持续点,试样出现严重的块体剥落。当卸荷速度较慢时,裂纹在卸荷阶段(Ⅰ)出现快速增加;当卸荷速度较快时,裂纹在卸荷后持续阶段(Ⅱ)出现快速增加。

(3)通过不同高径比(H/D)下的大理岩试样的单轴压缩试验、常规三轴压缩试验和常规三轴卸荷试验,对 3 种试验条件下试样高度对峰值强度和破坏模式的影响进行了对比分析;同时从能量演化的角度,研究了卸荷高度对卸荷破坏过程的影响。结果表明,试样的单轴压缩强度、常规三轴压缩强度和卸荷强度都随试样高度的增加而减小,并且其减小趋势可以用符合威布尔理论的函数来表示。当卸荷高度较小时($H/D=0.5,1.0$),试样表现为轴向板裂破坏,且卸荷过程中的耗散能持续增加,说明卸荷过程中试样发生的板裂破坏具有持续性;当卸荷高度较大时($H/D=2.0,3.0$),试样表现为剪切破坏,且卸荷过程中耗散能突然增加,说明卸荷过程中试样发生的剪切破坏具有突发性。

(4)对含有裂隙的大理岩试样在不同卸荷速度下的破坏特征进行数值模拟分析,研究了不同卸荷速度下裂隙倾角对破坏响应的影响。结果表明,随卸荷速度的减小,裂隙试样的卸荷强度增大;随裂隙倾角的增大,裂隙试样的卸荷强度增大。研究还发现,当裂隙倾角较小时,裂隙试样内出现的轴向劈裂裂纹越多且不同裂隙倾角的试样在卸荷后所表现出的破坏模式具有明显的规律性。例如,对于裂隙倾角为0°和30°的试样,卸荷破坏产生的裂纹主要集中分布在裂隙附近,但裂隙倾角为0°时,裂隙搭接方式为间接搭接,裂隙倾角为30°时,裂隙搭接方式受卸荷速度的影响;对于裂隙倾角为60°和90°的试样,卸荷破坏产生的裂纹形成了明显的单一剪切破坏带,但当裂隙倾角为60°时,裂隙的搭接方式为直接搭接,裂隙倾角为120°时,裂隙间无搭接。此外,卸荷过程中裂纹的扩展主要发生在峰后,并且卸荷速度越快,卸荷过程中动能释放过程越剧烈。

(5)通过采用流固耦合的离散元计算方法,对深部开挖卸荷应力条件下水力压裂的破坏特征进行了数值模拟;结合应力分布解析解,分析了开挖应力状态下水力裂纹扩展路径,研究了水力裂纹的破坏模式及扩展规律,讨论了多级水力压裂的破坏特征。结果表明,在开挖压裂条件下,当 σ_{min} 的大小在注入点附近保持不变时,水力裂纹的方向与 σ_{min} 的方向垂直;水力裂纹倾向于向 σ_{min} 较小的区域扩展;局部最大主应力与最小主应力之间的应力差越小,水力裂纹的发展越困难。水力裂纹以拉伸破坏为主。水力裂纹沿裂纹尖端扩展,且由于水力裂缝本身引起的应力变化,限制了裂纹分支的发育。

此外,对于深部开挖卸荷应力条件下的多级水力压裂而言,不同初始地应力条件对裂纹的扩展效果影响不同。例如,在地应力 $\sigma_v=15$ MPa、$\sigma_h=30$ MPa条件下,裂纹的扩展方向受到限制,主要在水平方向延伸;在地应力 $\sigma_v=30$ MPa、$\sigma_h=15$ MPa条件下,第一个注入点附近裂纹扩展明显,而第二个和第三个注入点中裂纹的扩展受到了抑制;在地应力 $\sigma_v=\sigma_h=15$ MPa 条件下,多级压裂会促进裂纹发展,使裂纹的几何形状复杂化。

7.2 研究展望

虽然目前国内外对深部岩石力学和开采理论的研究非常重视,并且取得了一系列的成果,但是由于深部岩石力学问题复杂多变,目前还没有建立系统的理论来完全解释和预测深部开采过程出现的各种问题。为了促进深部硬岩矿山机械化连续开采的发展,本书通过室内试验、理论分析和数值模拟方法对深部高应力岩体在开挖卸荷条件下的破坏响应特征和力学机理进行了研究,得到了卸荷下岩体的破裂特征的初步认识,但相关研究还有待进一步深化。对后期需要开展的研究工作及展望如下:

(1)深部硬岩开挖过程中对于靠近开挖面附近的岩体而言其应力状态的变化过程复杂多变。在某些情况下,除了主应力的大小发生变化外,甚至连主应力方向也会发生变化。因此,有必要进一步研究开挖推进过程如何影响主应力大小和方向的变化过程。然而,如何实现这种复杂动态变化过程的实验室重现,这也是值得深入思考的问题。

(2)需要进一步了解机械开挖过程中岩体的破坏特性。除了对开挖面前方的岩体进行卸荷破坏的研究外,还需要对卸载岩体在经受机械切割和冲击作用下的破坏特性进行分析。关于不同开挖卸荷和不同机械扰动组合作用下的高应力硬岩破坏响应问题值得深入研究,以获得复杂应力变化作用和机械扰动作用下硬岩损伤累积过程、能量的聚集、耗散与释放特点。

(3)工程岩体通常包含复杂且随机分布的天然结构面,如果考虑采用人工预制裂隙的方法来辅助机械破岩,那么就不能忽视人工裂隙网络与天然结构面之间的相互影响。因此,有必要结合开挖应力条件对裂隙贯通和扩展问题进行深入分析。

参 考 文 献

[1] 李夕兵.岩石动力学基础与应用[M].北京:科学出版社,2014.

[2] 谢和平,高峰,鞠杨.深部岩体力学研究与探索[J].岩石力学与工程学报,2015,34(11):2161-2178.

[3] 李夕兵,黄麟淇,周健,等.硬岩矿山开采技术回顾与展望[J].中国有色金属学报,2019,29(9):1828-1847.

[4] 姚金蕊.深部磷矿非爆连续开采理论与工艺研究[D].长沙:中南大学,2013.

[5] 严鹏,卢文波,周创兵.非均匀应力场中爆破开挖时地应力动态卸载所诱发的振动研究[J].岩石力学与工程学报,2008,27(4):773-781.

[6] 李夕兵,姚金蕊,杜坤.高地应力硬岩矿山诱导致裂非爆连续开采初探:以开阳磷矿为例[J].岩石力学与工程学报,2013,32(6):1101-1111.

[7] SIFFERLINGER N A, HARTLIEB P, MOSER P. The importance of research on alternative and hybrid rock extraction methods [J]. BHM berg und hüttenmännische monatshefte,2017,162(2):58-66.

[8] HARTLIEB P, GRAFE B, SHEPEL T, et al. Experimental study on artificially induced crack patterns and their consequences on mechanical excavation processes [J]. International journal of rock mechanics and mining sciences,2017,100:160-169.

[9] SHEMYAKIN E I, FISENKO G L, KURLENYA M V, et al. Zonal disintegration of rocks around underground workings. Part Ⅱ:rock fracture simulated in equivalent materials[J]. Soviet mining,1986,22(4):223-232.

[10] KAISER P K, YAZICI S, MALONEY S. Mining-induced stress change and consequences of stress path on excavation stability:a case study[J]. International journal of rock mechanics and mining sciences,2001,38(2):167-180.

[11] 李夕兵.分区破裂化正确认识与准确定位对金属矿山深部开采的意义重大

[C]//中国岩石力学与工程学会.新观点新学说学术沙龙文集 21:深部岩石工程围岩分区破裂化效应.北京:[s. n.],2008:41-43.

[12] 蔡美峰,薛鼎龙,任奋华.金属矿深部开采现状与发展战略[J].工程科学学报,2019,41(04):417-426.

[13] DURRHEIM R, OGASAWARA H, NAKATANI M, et al. Observational study to mitigate seismic risks in mines: a new Japanese-South African collaborative project[C]//JAN M V S, POTVIN Y. Proceeding of the Fifth. International Seminar on Deep and High Stress Mining. Crawley Western Australia:Australian Centre for Geomechanice,2010:215-225.

[14] EECKHOUT E V, JORDAN J, HOLLIS J, et al. Rockburst monitoring at the Sunshine Mine, Kellogg, Idaho[C]//19th International Symposium on Computer Applications in the Mineral Industries. April 14-18,1986, The pensylvanta State University,University park, Pennsylvania. Philadelphia:[s. n.],1986.

[15] 李夕兵,周健,王少锋,等.深部固体资源开采评述与探索[J].中国有色金属学报,2017,27(6):1236-1262.

[16] MARTIN C D, SIMMONS G R. 38—The Atomic Energy of Canada Limited Underground Research Laboratory: an overview of geomechanics characterization[M]//ANON. Rock testing and site characterization. Oxford: Pergamon,1993:915-950.

[17] 蔡美峰,谭文辉,吴星辉,等.金属矿山深部智能开采现状及其发展策略[J].中国有色金属学报,2021,31(11):3409-3421.

[18] POTVIN Y, HUDYMA M, JEWELL R J. Rockburst and seismic activity in underground Australian Mines:a introduction to a new research project[C]//Proceedings of the ISRM International Symposium. Melbourne: International Society for Rock Mechanics,2000.

[19] MARTINI C D, READ R S, MARTINO J B. Observations of brittle failure around a circular test tunnel[J]. International journal of rock mechanics and mining sciences,1997,34(7):1065-1073.

[20] FAIRHURST C. Nuclear waste disposal and rock mechanics:contributions of the Underground Research Laboratory (URL),Pinawa,Manitoba, Canada[J]. International journal of rock mechanics and mining sciences, 2004,41(8):1221-1227.

[21] READ R S. 20 years of excavation response studies at AECL's Under-

ground Research Laboratory[J]. International journal of rock mechanics and mining sciences,2004,41(8):1251-1275.

[22] SATO T, SUGIHARA K, MATSUI H. Geoscientific studies at the Tono Mine and the Kamaishi Mine in Japan[C]//ANON. 8th ISRM Congress, September,1995,Tokyo,Japan. Tokyo:[s. n.],1995:47-51.

[23] SATO T, KIKUCHI T, SUGIHARA K. In-situ experiments on an excavation disturbed zone induced by mechanical excavation in Neogene sedimentary rock at Tono Mine,central Japan[J]. Engineering geology,2000, 56(1/2):97-108.

[24] 于群,唐春安,李连崇,等. 基于微震监测的锦屏二级水电站深埋隧洞岩爆孕育过程分析[J]. 岩土工程学报,2014,36(12):2315-2322.

[25] 谢良涛,严鹏,范勇,等. 钻爆法与 TBM 开挖深部洞室诱发围岩应变能释放规律[J]. 岩石力学与工程学报,2015,34(9):1786-1795.

[26] GONG Q M, YIN L J, WU S Y, et al. Rock burst and slabbing failure and its influence on TBM excavation at headrace tunnels in Jinping Ⅱ hydropower station[J]. Engineering geology,2012,124:98-108.

[27] KAISER P K, DIEDERICHS M S, MARTIN C D, et al. Underground works in hard rock tunnelling and mining [J]. Isrm international symposium,2000,1:841-926.

[28] DIEDERICHS M S. Instability of hard rockmasses:the role of tensile damage and relaxation[D]. Waterloo:University of Waterloo,2000.

[29] SWANSON S R, BROWN W S. An observation of loading path independence of fracture in rock[J]. International journal of rock mechanics and mining sciences & geomechanics abstracts,1971,8(3):277-281.

[30] CROUCH S L. A note on post-failure stress-strain path dependence in norite[J]. International journal of rock mechanics and mining sciences & geomechanics abstracts,1972,9(2):197-204.

[31] 昊玉山. 应力途径对凝灰岩力学特性的影响[J]. 岩土工程学报,1983, 5(1):112-121.

[32] 李天斌,王兰生. 卸荷应力状态下玄武岩变形破坏特征的试验研究[J]. 岩石力学与工程学报,1993,12(4):321-327.

[33] 哈秋. 岩石边坡工程与卸荷非线性岩石(体)力学[J]. 岩石力学与工程学报,1997,16(4):386-391.

[34] 尤明庆,华安增. 岩石试样的三轴卸围压试验[J]. 岩石力学与工程学报,

1998,17(1):24-29.

[35] 任建喜,葛修润,蒲毅彬,等.岩石卸荷损伤演化机理 CT 实时分析初探[J]. 岩石力学与工程学报,2000,19(6):697-701.

[36] ZHOU X P, ZHANG Y X, HA Q L. Real-time computerized tomography (CT) experiments on limestone damage evolution during unloading[J]. Theoretical and applied fracture mechanics,2008,50(1):49-56.

[37] 李宏哲,夏才初,闫子舰,等.锦屏水电站大理岩在高应力条件下的卸荷力学特性研究[J].岩石力学与工程学报,2007,26(10):2104-2109.

[38] 刘豆豆,陈卫忠,杨建平,等.脆性岩石卸围压强度特性试验研究[J].岩土力学,2009,30(9):2588-2594.

[39] 陈卫忠,吕森鹏,郭小红,等.脆性岩石卸围压试验与岩爆机理研究[J].岩土工程学报,2010,32(6):963-969.

[40] 黄润秋,黄达.高地应力条件下卸荷速率对锦屏大理岩力学特性影响规律试验研究[J].岩石力学与工程学报,2010,29(1):21-33.

[41] 邱士利,冯夏庭,张传庆,等.不同卸围压速率下深埋大理岩卸荷力学特性试验研究[J].岩石力学与工程学报,2010,29(9):1807-1817.

[42] 殷志强,李夕兵,金解放,等.围压卸载速度对岩石动力强度与破碎特性的影响[J].岩土工程学报,2011,33(8):1296-1301.

[43] 黄达,谭清,黄润秋.高围压卸荷条件下大理岩破碎块度分形特征及其与能量相关性研究[J].岩石力学与工程学报,2012,31(7):1379-1389.

[44] 黄达,谭清,黄润秋.高应力强卸荷条件下大理岩损伤破裂的应变能转化过程机制研究[J].岩石力学与工程学报,2012,31(12):2483-2493.

[45] 黄达,谭清,黄润秋.高应力卸荷条件下大理岩破裂面细微观形态特征及其与卸荷岩体强度的相关性研究[J].岩土力学,2012,33(增刊 2):7-15.

[46] HUANG D, LI Y. Conversion of strain energy in Triaxial Unloading Tests on Marble[J]. International journal of rock mechanics and mining sciences,2014,66:160-168.

[47] 邱士利,冯夏庭,张传庆,等.不同初始损伤和卸荷路径下深埋大理岩卸荷力学特性试验研究[J].岩石力学与工程学报,2012,31(8):1686-1697.

[48] ZHAO G Y, DAI B, DONG L J, et al. Energy conversion of rocks in process of unloading confining pressure under different unloading paths [J]. Transactions of nonferrous metals society of China,2015,25(5):1626-1632.

[49] LI D,SUN Z,XIE T,et al. Energy evolution characteristics of hard rock

during triaxial failure with different loading and unloading paths[J]. Engineering geology,2017,228:270-281.

[50] 吴刚. 完整岩体卸荷破坏的模型试验研究[J]. 实验力学,1997,12(4): 549-555.

[51] 李建林,王乐华. 卸荷岩体的尺寸效应研究[J]. 岩石力学与工程学报, 2003,22(12):2032-2036.

[52] 陈景涛,冯夏庭. 高地应力下岩石的真三轴试验研究[J]. 岩石力学与工程学报,2006,25(8):1537-1543.

[53] HE M C, MIAO J L, FENG J L. Rock burst process of limestone and its acoustic emission characteristics under true-triaxial unloading conditions [J]. International journal of rock mechanics and mining sciences,2010,47 (2):286-298.

[54] ZHAO X G,WANG J,CAI M,et al. Influence of unloading rate on the strainburst characteristics of Beishan granite under true-triaxial unloading conditions[J]. Rock mechanics and rock engineering, 2014, 47 (2): 467-483.

[55] 何满潮,赵菲,杜帅,等. 不同卸载速率下岩爆破坏特征试验分析[J]. 岩土力学,2014,35(10):2737-2747.

[56] ZHAO X G,CAI M. Influence of specimen height-to-width ratio on the strainburst characteristics of Tianhu granite under true-triaxial unloading conditions[J]. Canadian geotechnical journal,2015,52(7):890-902.

[57] ZHU W, YANG W, LI X, et al. Study on splitting failure in rock masses by simulation test,site monitoring and energy model[J]. Tunnelling and underground space technology,2014,41:152-164.

[58] GONG W L,PENG Y Y,WANG H,et al. Fracture angle analysis of rock burst faulting planes based on true-triaxial experiment[J]. Rock mechanics and rock engineering,2015,48(3):1017-1039.

[59] DU K,TAO M,LI X B,et al. Experimental study of slabbing and rockburst induced by true-triaxial unloading and local dynamic disturbance[J]. Rock mechanics and rock engineering,2016,49(9):3437-3453.

[60] ZHAO F,HE M C. Size effects on granite behavior under unloading rockburst test[J]. Bulletin of engineering geology and the environment,2017, 76(3):1183-1197.

[61] LI X B,FENG F,LI D Y,et al. Failure characteristics of granite influenced by

sample height-to-width ratios and intermediate principal stress under true-triaxial unloading conditions[J]. Rock mechanics and rock engineering,2018,51 (5):1321-1345.

[62] 范鹏贤,李颖,赵跃堂,等. 红砂岩卸载破坏强度特征试验研究[J]. 岩石力学与工程学报,2018,37(4):852-861.

[63] DE BORST R,CRISFIELD M A,REMMERS J J C,et al. Non-linear finite element analysis of solids and structures[M]. Hoboken:Wiley,2012.

[64] LISJAK A, GRASSELLI G. A review of discrete modeling techniques for fracturing processes in discontinuous rock masses[J]. Journal of rock mechanics and geotechnical engineering,2014,6(4):301-314.

[65] CUNDALL P A,HART R D. Numerical modeling of discontinua[M]// ANON. Analysis and design methods. Amsterdam:Elsevier, 1993: 231-243.

[66] ZHU W C, WEI J, ZHAO J, et al. 2D numerical simulation on excavation damaged zone induced by dynamic stress redistribution[J]. Tunnelling and underground space technology,2014,43:315-326.

[67] LI X, CAO W, ZHOU Z, et al. Influence of stress path on excavation unloading response[J]. Tunnelling and underground space technology, 2014,42:237-246.

[68] FENG F, LI X B, ZHAO J. Modeling hard rock failure induced by structural planes around deep circular tunnels[J]. Engineering fracture mechanics,2019,205:152-174.

[69] CHEN S G,ZHAO J. Modeling of tunnel excavation using a hybrid DEM/BEM method[J]. Computer-aided civil and infrastructure engineering, 2002,17(5):381-386.

[70] XIE L T, YAN P, LU W B, et al. Effects of strain energy adjustment:a case study of rock failure modes during deep tunnel excavation with different methods[J]. KSCE journal of civil engineering,2018,22(10): 4143-4154.

[71] MORTAZAVI A,MOLLADAVOODI H. A numerical investigation of brittle rock damage model in deep underground openings[J]. Engineering fracture mechanics,2012,90:101-120.

[72] CAI M. FLAC/PFC coupled numerical simulation of AE in large-scale underground excavations[J]. International journal of rock mechanics and

mining sciences,2007,44(4):550-564.

[73] 李夕兵,陈正红,曹文卓,等.不同卸荷速率下大理岩破裂时效特性与机理研究[J].岩土工程学报,2017,39(9):1565-1574.

[74] MANOUCHEHRIAN A,CAI M. Simulation of unstable rock failure under unloading conditions[J]. Canadian geotechnical journal,2016,53(1):22-34.

[75] 马春驰,李天斌,陈国庆,等.硬脆岩石的微观颗粒模型及其卸荷岩爆效应研究[J].岩石力学与工程学报,2015,34(2):217-227.

[76] CHEN Z H,LI X B,WENG L,et al. Influence of flaw inclination angle on unloading responses of brittle rock in deep underground[J]. Geofluids,2019,2019:1-16.

[77] LI X B, CHEN Z H, WENG L,et al. Unloading responses of pre-flawed rock specimens under different unloading rates[J]. Transactions of nonferrous metals society of China,2019,29(7):1516-1526.

[78] 吴顺川,周喻,高斌.卸载岩爆试验及 PFC3D 数值模拟研究[J].岩石力学与工程学报,2010,29(增刊 2):4082-4088.

[79] 李建林.卸荷岩体力学[M].北京:中国水利水电出版社,2003.

[80] 吕爱钟,焦春茂.岩石力学中两个基本问题的探讨[J].岩石力学与工程学报,2004,23(23):4095-4098.

[81] SHARMA D S. Stress distribution around polygonal holes[J]. International journal of mechanical sciences,2012,65(1):115-124.

[82] GERCEK H. An elastic solution for stresses around tunnels with conventional shapes[J]. International journal of rock mechanics and mining sciences,1997,34(3/4):96. el-96. el4.

[83] MALMGREN L,SAIANG D,TÖYRÄ J,et al. The excavation disturbed zone(EDZ) at Kiirunavaara Mine,Sweden:by seismic measurements[J]. Journal of applied geophysics,2007,61(1):1-15.

[84] SHENG Q, YUE Z, LEE C,et al. Estimating the excavation disturbed zone in the permanent shiplock slopes of the Three Gorges Project,China[J]. International journal of rock mechanics and mining sciences,2002,39(2):165-184.

[85] 陶明.高应力岩体的动态加卸荷扰动特征与动力学机理研究[D].长沙:中南大学,2013.

[86] 肖建清,冯夏庭,邱士利,等.圆形隧道开挖卸荷效应的动静态解析方法及

结果分析[J].岩石力学与工程学报,2013,32(12):2471-2480.

[87] 严鹏,卢文波,陈明,等. TBM 和钻爆开挖条件下隧洞围岩损伤特性研究 [J].土木工程学报,2009,42(11):121-128.

[88] LI J, FAN P, WANG M. Failure behavior of highly stressed rocks under quasi-static and intensive unloading conditions [J]. Journal of rock mechanics and geotechnical engineering,2013,5(4):287-293.

[89] OUYANG Z H, LI C H, XU W C, et al. Measurements of in situ stress and mining-induced stress in Beiminghe Iron Mine of China[J]. Journal of Central South University of Technology,2009,16(1):85-90.

[90] XIE Z X, FAN Z Z, HUANG Z Z, et al. Research on unsymmetrical loading effect induced by the secondary mining in the coal pillar[J]. Procedia engineering,2011,26:725-730.

[91] LIKAR J, MEDVED M, LENART M, et al. Analysis of geomechanical changes in hanging wall caused by longwall multi top caving in coal mining [J]. Journal of mining science,2012,48(1):135-145.

[92] GUO Z, JIANG Y, PANG J, et al. Distribution of ground stress on Puhe Coal Mine[J]. International journal of mining science and technology, 2013,23(1):139-143.

[93] TORAÑO J, DÍEZ R R, CID J M R, et al. FEM modeling of roadways driven in a fractured rock mass under a longwall influence[J]. Computers and geotechnics,2002,29(6):411-431.

[94] YASITLI N E, UNVER B. 3D numerical modeling of longwall mining with top-coal caving [J]. International journal of rock mechanics and mining sciences,2005,42(2):219-235.

[95] SINGH G S P, SINGH U K. Prediction of caving behavior of strata and optimum rating of hydraulic powered support for longwall workings[J]. International journal of rock mechanics and mining sciences,2010,47(1): 1-16.

[96] YANG W, LIN B, QU Y, et al. Stress evolution with time and space during mining of a coal seam[J]. International journal of rock mechanics and mining sciences,2011,48(7):1145-1152.

[97] KHANAL M, ADHIKARY D, BALUSU R. Evaluation of mine scale longwall top coal caving parameters using continuum analysis[J]. Mining science and technology,2011,21(6):787-796.

[98] YU Y, BAI J, CHEN K, et al. Failure mechanism and stability control technology of rock surrounding a roadway in complex stress conditions [J]. Mining science and technology (China),2011,21(3):301-306.

[99] KHANAL M, ADHIKARY D, BALUSU R. Numerical analysis and geotechnical assessment of mine scale model[J]. International journal of mining science and technology,2012,22(5):693-698.

[100] SONG W, XU W, DU J, et al. Stability of workface using long-wall mining method in extremely thin and gently inclined iron mine[J]. Safety science,2012,50(4):624-628.

[101] KHANAL M, ADHIKARY D, BALUSU R. Evaluation of mine scale longwall top coal caving parameters using continuum analysis [J]. Mining science and technology (China),2011,21:787-796.

[102] SHABANIMASHCOOL M, LI C C. A numerical study of stress changes in barrier Pillars and a border area in a longwall coal mine[J]. International journal of coal geology,2013,106:39-47.

[103] JIA J H,KANG H P,ZHANG X R. Evaluation of coal pillar loads during longwall extraction using the numerical method and its application[J]. Journal of coal science and engineering (China),2013,19(3):269-275.

[104] GAO F Q,STEAD D,COGGAN J. Evaluation of coal longwall caving characteristics using an innovative UDEC Trigon approach [J]. Computers and geotechnics,2014,55:448-460.

[105] WHITTAKER B N,SINGH R N. Evaluation of the design requirements and performance of gate roadways[J]. International journal of rock mechanics and mining sciences & geomechanics abstracts,1979,138:535-553.

[106] PENG S S. Coal mine ground control[M]. 3rd ed. United States: [s. n.],2008.

[107] SHEOREY P R. Design of coal pillar arrays and chain Pillars[M]// ANON. Analysis and design methods. Amsterdam:Elsevier,1993: 631-670.

[108] 俞茂宏,昝月稳,范文,等. 20 世纪岩石强度理论的发展:纪念 Mohr-Coulomb强度理论 100 周年[J]. 岩石力学与工程学报,2000,19(5): 545-550.

[109] HOEK E,BROWN E T. Practical estimates of rock mass strength[J].

International journal of rock mechanics and mining sciences,1997,34(8):1165-1186.

[110] GRIFFITH A A. The phenomena of rupture and flow in solids[J]. Philosophical transaction of the royal society of London,1921,221（2）:163-198.

[111] BARTON N. Shear strength criteria for rock,rock joints,rockfill and rock masses:problems and some solutions[J]. Journal of rock mechanics and geotechnical engineering,2013,5(4):249-261.

[112] HOEK E,MARTIN C D. Fracture initiation and propagation in intact rock：a review［J］. Journal of rock mechanics and geotechnical engineering,2014,6(4):287-300.

[113] ZUO J P,LIU H H,LI H T. A theoretical derivation of the Hoek-Brown failure criterion for rock materials［J］. Journal of rock mechanics and geotechnical engineering,2015,7(4):361-366.

[114] BIENIAWSKI Z T,BERNEDE M J. Suggested methods for determining the uniaxial compressive strength and deformability of rock materials ［J］. International journal of rock mechanics and mining sciences & geomechanics abstracts,1979,16(2):138-140.

[115] BRADY B H G,BROWN E T. Rock mechanics:for underground mining ［M］. Berlin:Springer,2010.

[116] 何满潮,苗金丽,李德建,等.深部花岗岩试样岩爆过程实验研究[J].岩石力学与工程学报,2007,26(5):865-876.

[117] 王贤能,黄润秋.岩石卸荷破坏特征与岩爆效应[J].山地研究,1998,16(4):281-285.

[118] 李忠,汪俊民.重庆陆家岭隧道岩爆工程地质特征分析与防治措施研究［J].岩石力学与工程学报,2005,24(18):3398-3402.

[119] 何川,汪波,吴德兴.苍岭隧道岩爆特征与影响因素的相关性及防治措施研究[J].水文地质工程地质,2007,34(2):25-28.

[120] 曹强,贾海波,廖卓.锦屏辅助洞岩爆特征及防治措施研究[J].隧道建设,2009,29(5):510-512.

[121] 李新平,汪斌,周桂龙.我国大陆实测深部地应力分布规律研究[J].岩石力学与工程学报,2012,31(增刊1):2875-2880.

[122] CUNDALL P A,STRACK O D L. A discrete numerical model for granular assemblies[J]. Géotechnique,1979,29(1):47-65.

[123] CHO N,MARTIN C D,SEGO D C. A clumped particle model for rock [J]. International journal of rock mechanics and mining sciences,2007,44 (7):997-1010.

[124] 赵菲. 应变岩爆重要影响因素实验分析[D]. 北京:中国矿业大学(北京),2015.

[125] TUNCAY E, HASANCEBI N. The effect of length to diameter ratio of test specimens on the uniaxial compressive strength of rock[J]. Bulletin of engineering geology and the environment,2009,68:491-497.

[126] HUDSON J A, CROUSH S L,FAIRHURST C. Soft,stiff and servo-controlled testing machines:a review with reference to rock failure[J]. Engineering geology,1972,6(3):155-189.

[127] TANG C,THAN L,LEE P,et al. Numerical studies of the influence of microstructure on rock failure in uniaxial compression. Part Ⅱ:constraint, slenderness and size effect[J]. International journal of rock mechanics and mining sciences,2000,37(4):571-583.

[128] LI D Y,LI C C,LI X B. Influence of sample height-to-width ratios on failure mode for rectangular prism samples of hard rock loaded in uniaxial compression[J]. Rock mechanics and rock engineering,2011,44 (3):253-267.

[129] WANG S F,LI X B,DU K,et al. Experimental study of the triaxial strength properties of hollow cylindrical granite specimens under coupled external and internal confining stresses[J]. Rock mechanics and rock engineering,2018,51(7):2015-2031.

[130] BIENIAWSKI Z T,BERNEDE M J. Suggested methods for determining the uniaxial compressive strength and deformability of rock materials [J]. International journal of rock mechanics and mining sciences & geomechanics abstracts,1979,16(2):138-140.

[131] XU Y H,CAI M,ZHANG X W,et al. Influence of end effect on rock strength in true triaxial compression test[J]. Canadian geotechnical journal,2017,54(6):862-880.

[132] MOGI K. Experimental rock mechanics [M]. New York:Taylor & Francis,2006.

[133] HAN L J,HE Y N,ZHANG H Q. Study of rock splitting failure based on Griffith strength theory[J]. International journal of rock mechanics and

mining sciences,2016,83:116-121.

[134] BRACE W F,PAULDING B W J R,SCHOLZ C. Dilatancy in the fracture of crystalline rocks[J]. Journal of geophysical research,1966,71(16): 3939-3953.

[135] DIEDERICHSMS M S. The 2003 Canadian geotechnical colloquium: mechanistic interpretation and practical application of damage and spalling prediction criteria for deep tunnelling[J]. Canadian geotechnical journal,2007,44(9):1082-1116.

[136] WEIBULL W. A statistical distribution function of wide applicability[J]. Journal of applied mechanics,1951,18(3):293-297.

[137] SANCHIDRIÁN J A,SEGARRA P,LÓPEZ L M. Energy components in rock blasting[J]. International journal of rock mechanics and mining sciences,2007,44(1):130-147.

[138] MCSAVENEY M J,DAVIES T R. Surface energy is not one of the energy losses in rock comminution[J]. Engineering geology,2009,109(1/2):109-113.

[139] WASANTHA P L,RANJITH P G,SHAO S S. Energy monitoring and analysis during deformation of bedded-sandstone:use of acoustic emission[J]. Ultrasonics,2014,54(1):217-226.

[140] XIE H P,LI L Y,PENG R D,et al. Energy analysis and criteria for structural failure of rocks[J]. Journal of rock mechanics and geotechnical engineering,2009,1(1):11-20.

[141] XU N W,DAI F,LIANG Z Z,et al. The dynamic evaluation of rock slope stability considering the effects of microseismic damage[J]. Rock mechanics and rock engineering,2014,47(2):621-642.

[142] SOLECKI R,CONANT R J. Advanced mechanics of materials[M]. New York:Oxford University Press,2003.

[143] 朱泽奇,盛谦,肖培伟,等.岩石卸围压破坏过程的能量耗散分析[J].岩石力学与工程学报,2011,30(增刊1):2675-2681.

[144] 戴兵,赵国彦,杨晨,等.不同应力路径下岩石峰前卸荷破坏能量特征分析[J].采矿与安全工程学报,2016,33(增刊2):367-374.

[145] MAKHUTOV N A,MATVIENKO Y G. Griffith theory and development of fracture mechanics criteria[J]. Materials science,1993,29:316-319.

[146] SIH G C. Introductory chapter：a special theory of crack propagation [M]//ANON. Mechanics of fracture initiation and propagation：surface and volume energy density applied as failure criterion. Dordrecht：Springer Netherlands,1991：1-22.

[147] IRWIN G R. Analysis of stresses and strains near the end of a crack traversing a plate[J]. Journal of applied mechanics,1957,24(3)：361-364.

[148] BOBET A. The initiation of secondary cracks in compression [J]. Engineering fracture mechanics,2000,66(2)：187-219.

[149] WONG R H C,CHAU K T. Crack coalescence in a rock-like material containing two cracks[J]. International journal of rock mechanics and mining sciences,1998,35(2)：147-164.

[150] BOBET A,EINSTEIN H H. Fracture coalescence in rock-type materials under uniaxial and biaxial compression[J]. International journal of rock mechanics and mining sciences,1998,35(7)：863-888.

[151] HUANG D,GU D,YANG C,et al. Investigation on mechanical behaviors of sandstone with two preexisting flaws under triaxial compression[J]. Rock mechanics and rock engineering,2016,49(2)：375-399.

[152] YANG S Q, JIANG Y Z, XU W Y, et al. Experimental investigation on strength and failure behavior of pre-cracked marble under conventional triaxial compression[J]. International journal of solids and structures,2008,45(17)：4796-4819.

[153] VÁSÁRHELYI B,BOBET A. Modeling of crack initiation,propagation and coalescence in uniaxial compression[J]. Rock mechanics and rock engineering,2000,33(2)：119-139.

[154] MUGHIEDA O,OMAR M T. Stress analysis for rock mass failure with offset joints[J]. Geotechnical and geological engineering,2008,26(5)：543-552.

[155] TANG C A,KOU S Q. Crack propagation and coalescence in brittle materials under compression[J]. Engineering fracture mechanics,1998,61(3/4)：311-324.

[156] WONG R H C,TANG C A,CHAU K T,et al. Splitting failure in brittle rocks containing pre-existing flaws under uniaxial compression [J]. Engineering fracture mechanics,2002,69(17)：1853-1871.

[157] ZHANG X P,WONG L N Y. Crack initiation, propagation and coales-

cence in rock-like material containing two flaws:a numerical study based on bonded-particle model approach [J]. Rock mechanics and rock engineering,2013,46(5):1001-1021.

[158] ZHANG X P,WONG L N Y. Cracking processes in rock-like material containing a single flaw under uniaxial compression:a numerical study based on parallel bonded-particle model approach[J]. Rock mechanics and rock engineering,2012,45(5):711-737.

[159] BI J,ZHOU X P,QIAN Q H. The 3D numerical simulation for the propagation process of multiple pre-existing flaws in rock-like materials subjected to biaxial compressive loads [J]. Rock mechanics and rock engineering,2016,49(5):1611-1627.

[160] SARFARAZI V, HAERI H. A review of experimental and numerical investigations about crack propagation [J]. Computers and concrete, 2016,18(2):235-266.

[161] WONG L N Y, EINSTEIN H H. Systematic evaluation of cracking behavior in specimens containing single flaws under uniaxial compression [J]. International journal of rock mechanics and mining sciences,2009,46 (2):239-249.

[162] ZHOU H,MENG F Z,ZHANG C Q,et al. Analysis of rockburst mechanisms induced by structural planes in deep tunnels [J]. Bulletin of engineering geology and the environment,2015,74(4):1435-1451.

[163] WONG L N Y, EINSTEIN H H. Crack coalescence in molded gypsum and Carrara marble:part 1. Macroscopic observations and interpretation [J]. Rock mechanics and rock engineering,2009,42(3):475-511.

[164] PARK C H,BOBET A. Crack coalescence in specimens with open and closed flaws:a comparison[J]. International journal of rock mechanics and mining sciences,2009,46(5):819-829.

[165] EBERHARDT E,STEAD D,STIMPSON B,et al. Identifying crack initiation and propagation thresholds in brittle rock[J]. Canadian geotechnical journal,1998,35(2):222-233.

[166] DIEDERICHS M S,KAISER P K,EBERHARDT E. Damage initiation and propagation in hard rock during tunnelling and the influence of near-face stress rotation [J]. International journal of rock mechanics and mining sciences,2004,41(5):785-812.

[167] CAI M, KAISER P K, TASAKA Y, et al. Generalized crack initiation and crack damage stress thresholds of brittle rock masses near underground excavations [J]. International journal of rock mechanics and mining sciences, 2004, 41(5):833-847.

[168] LONG A, SUORINENI F T, XU S, et al. A feasibility study on confinement effect on blasting performance in narrow vein mining through numerical modelling [J]. International journal of rock mechanics and mining sciences, 2018, 112:84-94.

[169] LI C J, LI X B. Influence of wavelength-to-tunnel-diameter ratio on dynamic response of underground tunnels subjected to blasting loads[J]. International journal of rock mechanics and mining sciences, 2018, 112: 323-338.

[170] JONES D A, KINGMAN S W, WHITTLES D N, et al. Understanding microwave assisted breakage [J]. Minerals engineering, 2005, 18(7): 659-669.

[171] ARSHADNEJAD S, GOSHTASBI K, AGHAZADEH J. A model to determine hole spacing in the rock fracture process by non-explosive expansion material[J]. International journal of minerals, metallurgy, and materials, 2011, 18(5):509-514.

[172] SUGIMOTO D, TANAKA H, ENDO M, et al. Performance of highpower lasers for rock excavation[C]//NAKAI S, HACKEL A L, SOLOMON C W. High-Power Lasers in Civil Engineering and Architecture. New York:SPIE Press, 2000, 3887:49-56.

[173] KOLLE J J, OTTA R, STANG D L. Laboratory and field testing of an ultra-high-pressure, jet-assisted drilling system[C]//SPE-IADC Drilling Conference, March 1991, Amsterdam, Netherlands. Amsterdam:Society of Petroleum Engineers, 1991:847-857.

[174] SINGH S P. Non-explosive applications of the PCF concept for underground excavation[J]. Tunnelling and underground space technology, 1998, 13(3):305-311.

[175] HASSANI F, NEKOOVAGHT P M, GHARIB N. The influence of microwave irradiation on rocks for microwave-assisted underground excavation[J]. Journal of rock mechanics and geotechnical engineering, 2016, 8(1):1-15.

[176] ECONOMIDES M J, NOLTE K G, AHMED U. Reservoir stimulation [M]. 2nd ed. Englewood Cliffs, NJ: Prentice Hall, 1989.

[177] MCCLURE M W, HORNE R N. An investigation of stimulation mechanisms in Enhanced Geothermal Systems[J]. International journal of rock mechanics and mining sciences, 2014, 72: 242-260.

[178] ZHAI C. Guiding-controlling technology of coal seam hydraulic fracturing fractures extension[J]. International journal of mining science and technology, 2012, 22(6): 831-836.

[179] HE Q, SUORINENI F T, OH J. Review of hydraulic fracturing for preconditioning in cave mining[J]. Rock mechanics and rock engineering, 2016, 49(12): 4893-4910.

[180] GEERTSMA J, DE KLERK F. A rapid method of predicting width and extent of hydraulically induced fractures[J]. Journal of petroleum technology, 1969, 21(12): 1571-1581.

[181] PERKINS T K, KERN L R. Widths of hydraulic fractures[J]. Journal of petroleum technology, 1961, 13(9): 937-949.

[182] NORDGREN R P. Propagation of a vertical hydraulic fracture[J]. Society of petroleum engineers journal, 1972, 12(4): 306-314.

[183] GAO Q, CHENG Y F, HAN S C, et al. Exploration of non-planar hydraulic fracture propagation behaviors influenced by pre-existing fractured and unfractured wells[J]. Engineering fracture mechanics, 2019, 215: 83-98.

[184] WU K, OLSON J E. Mechanisms of simultaneous hydraulic-fracture propagation from multiple perforation clusters in horizontal wells[J]. SPE journal, 2016, 21(3): 1000-1008.

[185] ZEEB C, KONIETZKY H. Simulating the hydraulic stimulation of multiple fractures in an anisotropic stress field applying the discrete element method[J]. Energy procedia, 2015, 76: 264-272.

[186] DAMJANAC B, CUNDALL P. Application of distinct element methods to simulation of hydraulic fracturing in naturally fractured reservoirs[J]. Computers and geotechnics, 2016, 71: 283-294.

[187] SHI F, WANG X L, LIU C. An XFEM-based method with reduction technique for modeling hydraulic fracture propagation in formations containing frictional natural fractures[J]. Engineering fracture mechanics,

2017,173:64-90.

[188] ZIMMERMAN R W,BODVARSSON G S. Hydraulic conductivity of rock fractures[J]. Transport in porous media,1996,23(1):1-30.

[189] AL-BUSAIDI A. Distinct element modeling of hydraulically fractured Lac du Bonnet granite [J]. Journal of geophysical research, 2005, 110 (B6):B06302.

[190] FATAHI H,HOSSAIN M M. Fluid flow through porous media using distinct element based numerical method[J]. Journal of petroleum exploration and production technology,2016,6(2):217-242.

[191] ZHANG L Y,EINSTEIN H H. Using RQD to estimate the deformation modulus of rock masses[J]. International journal of rock mechanics and mining sciences,2004,41(2):337-341.

[192] BAI Q S,TU S H,ZHANG C. Discrete element modeling of progressive failure in a wide coal roadway from water-rich roofs[J]. International journal of coal geology,2016,167:215-229.

[193] LIU Q S,JIANG Y L,WU Z J,et al. Investigation of the rock fragmentation process by a single TBM cutter using a voronoi element-based numerical manifold method[J]. Rock mechanics and rock engineering, 2018,51(4):1137-1152.

[194] 蔡美峰,王金安,王双红. 玲珑金矿深部开采岩体能量分析与岩爆综合预测[J]. 岩石力学与工程学报,2001,20(1):38-42.

[195] AMRI M,PELFRFENE G,GERBAUD L. Experimental investigations of rate effects on drilling forces under bottomhole pressure[J]. Journal of petroleum science and engineering,2016,147:585-592.

[196] CLAUSER C. Permeability of crystalline rocks[J]. Eos transactions American geophysical union,1992,73(21):233.

[197] WENG L,HUANG L Q,TAHERI A. Rockburst characteristics and numerical simulation based on a strain energy density index:a case study of a roadway in Linglong gold mine,China[J]. Tunnelling and underground space technology,2017,69:223-232.

[198] KRZACZEK M,NITKA M,KOZICKI J,et al. Simulations of hydrofracking in rock mass at meso-scale using fully coupled DEM/CFD approach[J]. Acta geotechnica,2020,15(2):297-324.

[199] HUBBERT M K,WILLIS D G. Mechanics of hydraulic fracturing[J].

Transactions of the AIME,1957,210(1):153-168.

[200] WANG T,ZHOU W B,CHEN J H. Simulation of hydraulic fracturing using particle flow method and application in a coal mine[J]. International journal of coal geology,2014,121:1-13.

[201] ZHANG F, DONTSOV E, MACK M. Fully coupled simulation of a hydraulic fracture interacting with natural fractures with a hybrid discrete-continuum method[J]. International journal for numerical and analytical methods in geomechanics,2017,41(13):1430-1452.

[202] FATAHI H, HOSSAIN M M,IALLAHZDEH S H. Numerical simulation for the determination of hydraulic fracture initiation and breakdown pressure using distinct element method[J]. Journal of natural gas science and engineering,2016,33:1219-1232.

[203] ZOBACK M D,MOOS D,MASTIN L,et al. Well bore breakouts and in situ stress[J]. Journal of geophysical research:solid earth,1985,90(B7): 5523-5530.

[204] JAEGER J C,COOK N G W, ZIMMERMAN R W. Fundamentals of Rock Mechanics[M]. Oxford:Blackwell Pubulish,2007.

[205] LIU T,LIN B Q, ZOU Q L. Mechanical behaviors and failure processes of precracked specimens under uniaxial compression:a perspective from microscopic displacement patterns[J]. Tectonophysics, 2016, 672/673: 104-120.